怀山药干燥技术

任广跃　著

科 学 出 版 社

北 京

内 容 简 介

本书系统介绍了多项怀山药干燥技术，如热风干燥技术、微波干燥技术、喷雾干燥技术、微波辅助冻干技术、常压冷冻干燥及组合干燥等节能保质干燥技术。利用上述技术可开发出优质的怀山药干制品，因此本书也为果蔬干制品产业提供了理论依据及实践案例。全书分为7章，第一章详细介绍了山药在我国的分布及种类、道地怀山药的功能因子、药用价值及经济价值。第二章确定了怀山药的最佳无硫复合护色条件。第三章系统研究了热风、微波、真空、喷雾等常规干燥技术在怀山药中的应用，并基于变异系数权重法对怀山药全粉制备品质进行了评价。第四章建立了鲜切怀山药片微波真空干燥数学模型，并对鲜切怀山药片微波真空干燥工艺进行了优化。第五章进行了基于涡流管制冷的怀山药常压冷冻干燥试验研究。第六章研究了常压冷冻干燥过程中干燥仓内影响气流场形成的因素，并对气流场分布进行了 CFD 模拟。第七章对微波辅助真空冷冻干燥怀山药进行了试验研究，并对比分析了不同干燥方式对怀山药干燥特性及品质的影响。

本书可作为食品、中药材及农产品干燥领域的研究人员和工程技术人员的参考用书，也可供高等院校食品科学与工程及相关专业学生参考使用。

图书在版编目（CIP）数据

怀山药干燥技术/任广跃著.—北京：科学出版社，2017.6
ISBN 978-7-03-053102-5

I. ①怀⋯ II. ①任⋯ III. ①山药-干燥 IV. ①S632.109

中国版本图书馆 CIP 数据核字（2017）第 126334 号

责任编辑：王海光　王　好／责任校对：彭珍珍
责任印制：张　伟／封面设计：刘新新

科 学 出 版 社 出版
北京东黄城根北街 16 号
邮政编码：100717
http://www.sciencep.com

北京凌奇印刷有限责任公司 印刷
科学出版社发行　各地新华书店经销
*
2017 年 6 月第 一 版　开本：720×1000　1/16
2017 年 6 月第一次印刷　印张：14 1/4
字数：285 000
POD定价：98.00元
（如有印装质量问题，我社负责调换）

前　言

怀山药是我国传统药材，富含营养功能因子，素有"怀参"之称。怀山药可刺激或调节机体的免疫功能，具有降血糖、降血脂、抗氧化、延缓衰老、抗肿瘤、抗突变、补中益气、调节胃肠功能等作用。同时，怀山药也是消费者公认的无公害蔬菜，具有药食兼用的特殊价值。

近年来，随着生活水平的提高，消费者对怀山药的需求量越来越大，怀山药以其营养价值高、适应性强、用途广而深受广大消费者喜爱。怀山药除供鲜食外，还可加工成干制食品出口外销。在医药方面，除传统的加工配方之外，还可开发提取多种有效药用成分。然而，我国怀山药干燥领域目前还存在诸多问题，如干燥时间长、能耗高、硫超标、褐变、产品组织塌陷、有效成分衰退等，不能满足市场的需求。

为了解决怀山药干燥问题，作者进行了大量的研究工作，针对目前怀山药干燥技术存在的问题，如传热传质干燥行为、干燥过程中物料的物理及化学变化、干燥工艺等，进行了详细试验及系统论述。

本书得到了国家自然科学基金项目"基于涡流管制冷效应的怀山药常压冷冻干燥机理及干燥行为控制机制"（31271972）及河南科技大学学术著作出版基金的资助，本书在撰写过程中，也广泛地咨询和请教了干燥领域、食品及中药材加工领域的知名专家，在此一并感谢。

本书可作为食品、中药材干燥技术研究者和工程技术人员的参考用书，也可供高等院校食品科学与工程及相关专业学生学习参考。

由于作者水平有限，书中难免有不妥之处，恳请同行专家及读者提出宝贵意见。

任广跃

2017 年 1 月于洛阳

目　　录

第1章 怀山药概述

山药,学名薯蓣(*Dioscorea opposita*)为薯蓣科(Dioscoreaceae)薯蓣属(*Dioscorea*)植物,多年生缠绕草质藤本,药用其块茎,始载于《神农本草经》,是我国传统药材。山药原产于中国北方,主产区为河南,目前在河南、河北、山东、山西、广西、福建、广东、台湾广泛种植;日本和韩国也有种植。山药作为中药最重要的补益材料之一,无任何副作用。因此历来被医家评价为"温补"、"性平",是"药食同源"的典范,可当成正常食物充饥食用,且用者没有避忌。

怀山药,素有"怀参"之称,特指古怀庆府(今河南省焦作市境内,含孟州市、博爱县、沁阳市、武陟县、温县等)所产的山药。国家质量监督检验检疫总局与国家标准化管理委员会于 2006 年 5 月 25 日正式颁布国家标准《地理标志产品怀山药》(GB/T 20351—2006),规定北纬 34°48′~35°30′、东经 112°02′~113°38′,即河南省焦作市的行政辖区之内所产的山药,可以使用"怀山药"的国家地理标志保护产品名称。从此,怀山药正式成为受国家标准保护的原产地产品。

1.1 山药在我国的分布及种类

山药种类多,分布广,是我国最早使用的中草药之一。人们对其进行广泛考察和研究的历史由来已久。从古至今,历代本草及地方志中多有记载。山药始载于《神农本草经》,其中所载的"野山药"被列为上品。自宋代后期本草中出现"山药"其名,明代以后广泛作为正名。根据气候条件和其生产的特点,山药在我国可分为五大栽培区:①江苏北部、安徽北部、山东、山西、河南、陕西的部分地区;②淮河流域、长江流域和四川盆地等广大地区;③广西、云南、贵州、台湾、广东、江西、福建等地区;④内蒙古东部、辽宁、吉林、河北北部等地区;⑤新疆、甘肃和内蒙古包头等地区。以河南、山西交界处为中心,特别是古怀庆府一带,明清以来都认为该地区所产的"怀山药"质地较佳。怀山药形貌特征见图 1-1。

图 1-1　怀山药

山药可分为 2 个种，5 个变种及 10 个品种群。其中 2 个种为普通山药和田薯。普通山药可分为长山药和棒山药 2 个变种。长山药变种又分为浅裂三角形叶、深裂三角形叶及长心形叶 3 个品种群；棒山药变种只有 1 个品种群。田薯分为 3 个变种，为长柱形变种、筒形变种和扁块形变种。长柱形变种则分为白肉品种群和淡黄肉品种群；筒形变种和扁块形变种均可分为白肉品种群和紫红肉品种群。怀山药属于普通山药长山药变种的浅裂三角形叶品种群。目前我国山药品种主要有‘怀山药’、‘沛县水山药’、‘太谷山药’、‘梧桐山药’、‘群峰山药’、‘细毛长山药’及‘济宁米山药’等。近几年，一些地区引进了‘水山药’和‘日本白山药’对其进行试种。有些省区把同属的其他种当作本地标准山药来用，如广西把褐苞薯蓣作为山药，广为种植；福建把褐苞薯蓣和参薯作为山药，并将其称为"福建山药"。

1.2　怀山药道地所在

焦作市，夏时称"覃怀"，后称"怀州"，元称"怀孟路"，明清为"怀庆府"。这里的气候环境被专家总结为"春不过旱、夏不过热、秋不过涝、冬不过冷"，特别适合山药的生长。由于此地北依太行山、南邻黄河，被山河怀抱，得名为"怀"，又称"三百里怀川"。此处土壤的形成以黄河冲积为主，并吸纳了太行山岩溶地貌经雨水冲刷渗透而来的成分，形成了疏松肥沃、与众不同的黄土地，特别适合山药、地黄、牛膝等根茎类中药材的生长。独一无二的天时、地利，是怀山药能够冠绝天下的基本条件。

所谓"橘生淮南则为橘，生于淮北则为枳"，古代名医孙思邈、张仲景、李时珍等用药都必以产地来区分药性。就如阿胶以山东东阿、人参以东北长白山为正宗一样，山药公认以河南省古怀庆府所产的才可入药。《神农本草经》、《图经本草》和《本草纲目》均特别标明所讲的山药，产地为"怀"。《本草蒙荃》提到山药时说："南北州郡俱产，惟怀庆者良。"《神农本草经》另有明文，"山药各地均产，以河南怀庆各地产者良"。中医学中，流传最广、影响最大的药方是六味地黄丸，号称"中药第一方"（成方不晚于汉代）。中医业内，正宗六味地黄丸最重要的成分，即山药和地黄，均产于古怀庆府。文学巨著《红楼梦》以包罗万象、细节惊人著称，该书第十回中写道，张太医为秦可卿诊治之后，开出"益气养荣补脾和肝汤"的药方，其中写明"怀山药二钱炒"；而该书在其他地方提到食品，如山药糕时，则只写"山药"，并无"怀"字。

抗日战争期间，日本曾派专家将我国今焦作市武陟县辖区内的土壤运回日本，分析研究并尝试调配土壤进行山药等中药材的种植试验，结果其药力大幅下降。20 世纪 20 年代，今焦作市温县的几位药农从山西太谷县引进部分高产的山药品种，结果引种几年后，引进的产品味道与药力都逐渐趋同于本地品种。20 世纪 70 年代，政府为缓解怀山药供应紧张，曾组织 18 省区到焦作市武陟县引种，结果该品种在其他地区种植后，很快就出现品种退化、药力大减的现象。上述事实充分证明了怀山药之所以药力显著，当地的天时和土壤条件是决定性的因素。

1999~2003 年，国家设立了"四大怀药规范化种植研究与示范"重大科技攻关项目，怀山药位居中国著名"四大怀药"（怀山药、怀地黄、怀牛膝、怀菊花）之首。该项目由河南省中药研究所与焦作市科学技术局共同承担，科研组对焦作所产的怀山药和其他地区的山药取样分析后发现，单位数量的怀山药所含的各种氨基酸都远高于等量的外地山药，其中还有其他品种基本没有而怀山药独有的氨基酸（如 γ-氨基丁酸）。经现代科研手段检测，怀山药中山药多糖、尿囊素、蛋白质、皂苷和铁、钙、锌的含量都远高于普通山药。

据史料记载，古怀庆府是人类历史上种植山药最为悠久的地区。公元前 734 年，诸侯卫桓公就以此地出产的山药向周王室进贡。焦作市目前所辖的武陟县、温县、沁阳市、博爱县等都有种植怀山药的传统，但最集中的区域公认在武陟县和温县交界的大封乡、小董乡、武德镇一带，目前其仍是怀山药种植最集中、加工产业化程度最高的区域。目前山药保存加工最常用的硫磺熏制法就是在 20 世纪初由这一带的药农发明并传播到全国各地的。

地道的怀山药有非常重要的一个特性：不能"重茬"，即不可连续种植。由于怀山药的根茎对土壤内的相关养分（所谓"地力"）吸收能力强，同一块土地 5 年之内只能种一次怀山药。收获之后的 5 年内只能种植其他普通农作物，如再种植怀山药，产量及质量都极其低下。怀庆府另一种同样以肥大根茎入药的特产——怀地黄，这一特性更甚，8 年内不能重茬，8 年后"地力"才能恢复。按照国际通用的有机食品标准，在同一块土地上连续耕作 3 年以上所稳定产出的农产品才符合"有机食品"的资质，因此除非现行标准有特别变更，否则地道的怀山药将没有机会申请有机食品认证。

据政府统计数据，2008 年焦作市全市怀山药种植面积为 6.1 万亩[①]，可产鲜山药约 10 万 t。武陟县的大封乡、温县的武德镇，号称家家户户种怀山药。全市大大小小的怀山药加工企业有上百家。由于怀山药名声在外，产量又有限，近些年出现了一些不良现象。部分当地企业在河北、山东等地采购山药，运到本地加工处理，冒充怀山药，给相关产业造成了非常大的负面影响。

1.3　怀山药的功能因子、药用价值及经济价值

1.3.1　怀山药的功能因子

怀山药的营养成分很多，主要有蛋白质、糖类、维生素、氨基酸、脂肪酸、薯蓣皂苷元及多糖和蛋白质的复合体——黏液质等，多糖是怀山药的主要活性成分，由半乳糖、甘露糖、葡萄糖、阿拉伯糖、木糖及少量岩藻糖组成。怀山药还含有磷、钙、铁、碘等人体不可缺少的微量元素。怀山药中含有丰富的营养物质（图 1-2）及金属元素（图 1-3），其中钙的含量最高，可达 9.79 mg/100 g FW，淀粉酶、蛋白质等营养物质含量也较高。

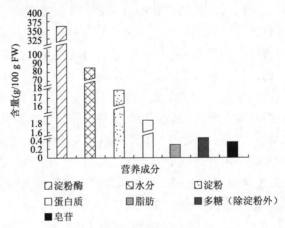

图 1-2　怀山药中营养成分

其中淀粉酶以 U/（100g DW）表示；图出自：廖朝辉，《山药主要生化成分含量的测定》

[①] 1 亩 ≈ 666.7m^2。

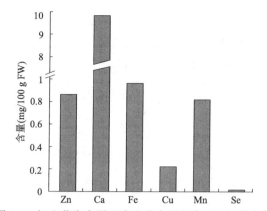

图 1-3　怀山药中金属元素和非金属元素（Se）的含量

　　怀山药块茎含薯蓣皂苷元（diosgenin）、多巴胺（dopamine）、盐酸山药碱（batatasine hydrochloride）、多酚氧化酶（polyphenoloxidase）、尿囊素（allantoin）和止杈素（abscisin）Ⅱ。又含糖蛋白（glucoprotein），水解可得赖氨酸（lysine）、组氨酸（histidine）、精氨酸（arginine）、天冬氨酸（aspartic acid）、苏氨酸（threonine）、丝氨酸（serine）、谷氨酸（glutamic acid）、脯氨酸（proline）、甘氨酸（glycine）、丙氨酸（alanine）、缬氨酸（valine）、亮氨酸（leucine）、异亮氨酸（isoleucine）、酪氨酸（tyrosine）、苯丙氨酸（phenylalanine）和蛋氨酸（methionine）。还含包括上述氨基酸和胱氨酸（cystine）、γ-氨基丁酸（γ-aminobutyric acid）在内的自由氨基酸，另含具有降血糖作用的多糖，并含由甘露糖（mannose）、葡萄糖（glucose）和半乳糖（galactose）按物质的量比 6.45∶1∶1.26 构成的山药多糖，又含钡、铍、铈、钴、铬、铜、镓、镧、锂、锰、铌、镍、磷、锶、钍、钛、钒、钇、镱、锌、锆及氧化钠、氧化钾、氧化铝、氧化铁、氧化钙、氧化镁等。根茎含多巴胺、儿茶酚胺（catecholamine），以及胆甾醇（cholesterol）、麦角甾醇（ergosterol）、菜油甾醇（campesterol）、豆甾醇（stigmasterol）、β-谷甾醇（β-sitosterol）。

　　黏液质中含植酸（phytic acid）、甘露聚糖（mannan）Ⅰ a、甘露聚糖Ⅰ b 和甘露聚糖Ⅰ c；黏液质中含多糖 40%、蛋白质 2%、磷 3%和灰分 24%，多糖部分由 80%的甘露糖和少量的半乳糖、木糖（xylose）、果糖（fructose）及葡萄糖所组成。珠芽（零余子）含 5 种分配性植物生长调节剂，命名为山药素（batatasin）Ⅰ、山药素Ⅱ、山药素Ⅲ、山药素Ⅳ、山药素Ⅴ。珠芽中还含止杈素、多巴胺和多种甾醇：胆甾烷醇（cholestanol）、(24R)-α-甲基胆甾烷醇[(24R)-α-methyl cholestanol]、(24S)-β-甲基胆甾烷醇[(24S)-β-methyl cholestanol]、(24R)-α-乙基胆甾烷醇[(24R)-α-ethyl cholestanol]、胆甾醇、菜油甾醇、(24S)-β-甲基胆甾醇[(24S)-β-methyl cholestanol]、24-亚甲基胆甾醇（24-methylenecholesterol）、β-谷甾醇、豆甾醇、异岩藻甾醇（isfucosterol）、颓桐甾醇（clerosterol）、24-亚甲基-25-甲基胆甾醇（24-methylene-25-methyl cholesterol）、7-胆甾烯醇（lathosterol）、8(14)-胆甾烯醇[cholest-8(14)-enol]、(24R)-α-甲基-8(14)-胆甾烯醇[(24R)-α-methyl cholest-8(14)-enol]、(24S)-β-甲基-8(14)-胆甾烯醇[(24S)-β-methyl cholest-8(14)-enol]、(24R)-α-乙基-8(14)-胆甾烯醇[(24R)-α-ethyl cholest-8(14)-enol]。同属植物日本薯蓣块茎含三萜皂苷、尿囊素、胆碱（choline）、17 种氨基酸（与怀山药块茎所含的自由氨基酸相比，缺少 γ-氨基丁酸）及无机化合物（与怀山药块茎所含的无机化合物相比，缺少镧），又含具有降血糖活性的日本薯蓣多糖（dioscoran）A～日本薯蓣多糖 F。

牛建平等（2007）利用气相色谱-质谱联用技术分析鉴定了怀山药中含有的有机成分。共提取分离出 74 种化合物，鉴定出 41 种有机成分，占挥发性物质含量的 95.03%，主要成分为维生素 E、脂肪酸类、甾醇类、酯类等，其中甾醇类化合物含量为 45%。王飞等（2005）认为，新鲜怀山药含 2.71%的总氨基酸和 3.59%的粗蛋白，必需氨基酸含量为 1.05%。陈艳和姚成（2004b）用氨基酸分析仪测定了怀山药中各种氨基酸的组成，结果表明，怀山药中含有苏氨酸、缬氨酸、亮氨酸、苯丙氨酸、异亮氨酸、蛋氨酸和赖氨酸等 17 种氨基酸，其中人体必需氨基酸的含量占总氨基酸的 25.32%。

山药多糖是怀山药中的主要功能性成分。徐琴（2006）的测定结果表明，苏北产铁棍山药和怀山药山药多糖含量分别为 1.20%和 1.37%。怀山药富含 Zn、Fe、Mn、Cu、Se 和 Ca，这些矿质元素是机体的重要组成部分，维持着机体细胞渗透压与酸碱平衡。陈艳和姚成（2004a）测定了怀山药中 18 种元素的含量，其中 K 的含量最高，其次为 P、Na、Mg、Ca 等。

还有研究发现，怀山药含有淀粉 19.52%～27.98%，并含有较丰富的胡萝卜素、维生素 B_1、维生素 B_2 和维生素 C 等。

怀山药中含有较多对人体有益的不饱和脂肪酸和奇数碳脂肪酸。王勇等（2008）在河南产怀山药中检出 27 种脂肪酸。其中饱和脂肪酸有 18 种，占脂肪酸总含量的 51%，主要为十六烷酸；奇数碳脂肪酸 8 种；不饱和脂肪酸 9 种，占脂肪酸总含量的 49%，主要为亚麻酸、亚油酸和油酸。

怀山药中的淀粉酶能帮助消化和排泄，皂苷和胆碱都是制药的原料。廖朝晖等（2003）测定结果显示，怀山药中的淀粉酶达到 358.97 U/100 g DW。安顺怀山药和安顺参薯中皂苷含量分别为 0.01%和 0.63%，胆碱含量分别为 8.00 mg/100 g 和 26.83 mg/100 g。

尿囊素是怀山药的活性成分之一，具有消炎抑菌、抗刺激物、麻醉镇痛等作用。丁志遵和秦慧贞（1995）的研究表明，河南怀山药、广西怀山药和广东怀山药的尿囊素含量分别为 0.393%、0.381%和 0.392%。

1.3.2　怀山药的药用价值

作为中药最重要的补益材料之一，怀山药与其他常用的补药，如人参、党参、黄芪等相比，最大的区别，也是它最大的优点，是无任何副作用。它适宜任何人群、任何体质，包括老人、儿童、孕妇和其他特殊人群。这也是为何怀山药在中药药方中出现频率很高的根本原因。《本草纲目》指出："山药治诸虚百损、疗五劳七伤、去头面游风、止腰痛、除烦热、补心气不足、开达心孔、多记事、益肾气、健脾胃、止泻痢、润毛皮，生捣贴肿、硬毒能治。"《医学衷中参西录》中的"玉液汤"和"滋培汤"，以山药配黄芪，可治消渴、虚劳喘逆，经常结合枸杞子、桑椹子等这些药食同源的中药材做茶泡饮，可补肾强身、增强抵抗力，可以起到较好的保健养生功效。但是现在中药材市场伪劣产品泛滥，存在染色、硫熏、假冒产地等问题。

现代医学研究认为，怀山药有如下作用。

1）调节或增强免疫功能

怀山药富含多糖，可刺激或调节机体的免疫功能。苗明三（1997）研究表明，怀山药多糖可提高小鼠外周血 T 淋巴细胞数量，促进小鼠溶血素和溶血空斑的形成，并促进小鼠腹腔巨噬细胞吞噬功能和淋巴细胞转化。怀山药的磷脂成分主要为磷脂酰胆碱和溶血磷脂胆碱，磷脂类具有提高免疫功能的作用。赵国华等（2002）发现，山药多糖 RDPS-I 可提高小鼠血清的 IgG 含量、NK 细胞和血清溶血素活性及 T 淋巴细胞增殖能力，能增强巨噬细胞的吞噬能力，提高小鼠的体液免疫功能、非特异性免疫功能和特异性细胞免疫功能。

2）调节胃肠功能

怀山药具有补中益气、调节胃肠功能等作用。李树英（1990）研究表明，怀山药能抑制大鼠胃排空运动和肠推进作用，对抗苦寒泻下药引起的大鼠胃肠运动亢进。胃肌电显示怀山药能对抗大黄所引起的慢波波幅升高，同时降低大鼠胃电慢波幅。怀山药也能拮抗氯化钡及氯乙酰胆碱引起的大鼠离体回肠强直性收缩，但不能对抗盐酸肾上腺素引起的离体回肠强直性收缩。彭成等（1990）研究了怀山药粥对脾虚大鼠的作用，并建立了大鼠脾虚模型，结果表明，怀山药粥对大鼠脾虚的形成有预防作用。陈金秀等（1998）采用利血平作为致虚因素建立了近似脾气虚模型，研究了怀山药水煎剂对小鼠脑内单胺递质水平的影响及怀山药健脾益气作用的机制，认为怀山药健脾益气作用的可能原因是怀山药提高了利血平脾虚小鼠脑内的单胺递质水平。

3）降血糖、降血脂功能

舒思洁等（1998）采用四氧嘧啶制作糖尿病小鼠模型，研究了怀山药对糖尿病小鼠心肌糖原、肝糖原、血脂和血糖含量的影响，结果表明，怀山药能提高心肌糖原和肝糖原含量，降低血脂和血糖含量，说明怀山药具有降血糖作用。进一步研究还表明，怀山药能降低糖尿病小鼠组织中丙二醛（MDA）的含量。胡国强等（2004）以山药多糖对四氧嘧啶模型糖尿病大鼠连续灌胃给药，发现山药多糖对糖尿病大鼠的血糖含量有降低作用，同时能升高 C 肽含量。郜红利等（2006）的研究结果也表明，山药多糖具有降低四氧嘧啶糖尿病小鼠中血糖含量的作用，并能促进糖尿病小鼠体重的恢复。Iwu 等（1990）报道，薯蓣属植物粗提物对禁食兔和大鼠有降血糖作用，能抑制四氧嘧啶引起的高血糖，其乙醇提取物与降血糖活性有关。Hikino 等（1986）研究认为，日本薯蓣块茎中含有降血糖多糖酶，动物实验显示其能降低小鼠的血糖浓度。Maurice（1990）研究发现，薯蓣属植物乙醇提取物与其降血糖活性有关，其氯仿提取物能使饥饿的 Wistar 大鼠血糖升高，而山药块茎多糖甲醇-水（1∶1）提取物能降低小鼠的血糖浓度。

Prema 等（1978）以山药淀粉喂食动脉粥样硬化的小鼠，发现其能降低小鼠体内血清类脂质浓度及其主动脉和心脏的糖浓度，以游离胆固醇和含有胆固醇的食物来饲喂小鼠，发现山药淀粉能降低其血液胆固醇浓度。杭悦宇（1996）研究发现，日本薯蓣 10 g/kg 剂量能显著降低小鼠的血糖水平和血清中总胆固醇（TC）、三酰甘油（TG）水平。

4）抗氧化、延缓衰老功能

早在《神农本草经》中就记载了怀山药可"轻身不饥延年"。近代研究也表明，怀山药具有抗衰老作用，能抑制促机体衰老酶的活性。詹彤等（1999）研究表明，腹腔注射山药多糖可以增加因 D-半乳糖所致代谢衰老模型小鼠体内超氧化物歧化酶、过氧化氢酶和谷胱甘肽过氧化物酶，以及脑 Na/K-ATP 酶的活性，并降低过氧化脂质、脑单胺氧化酶 B 的活性及脂褐质含量，表现出明显的抗衰老作用。

5）抗肿瘤、抗突变功能

赵国华等（2003）利用小鼠移植性实体瘤研究了 RDPS-Ⅰ的体内抗肿瘤作用，结果表明，50 mg/kg 含量的 RDPS-Ⅰ对 Lewis 肺癌有显著的抑制作用，而对 B16 黑色素瘤没有明显作用，大于等于 150 mg/kg 含量的 RDPS-Ⅰ对二者都有显著的抑制效果。利用多糖化学改性方法和动物移植性实体瘤实验发现，低度甲基化、中度乙酰化和低度羧甲基化均能显著提高多糖的抗肿瘤活性，而部分降解和硫酸酯化会使多糖的抗肿瘤活性显著降低。杭悦宇等（1992）认为，腹腔注射山药多糖能增加受环磷酰胺抑制的小鼠末梢血白细胞总数，说明怀山药可作为抗肿瘤药及化疗的辅助保健食品。

Miyazawa 等（1996）从日本薯蓣（Dioscorea japonica）的甲醇提取物中分离出两种物质(+)-β-eudesmol 和 paeonol，实验证实这两种物质具有抗突变活性。阚建全（2001）采用 Ames 试验，用标准平板掺入法测定了山药多糖的抗突变作用，结果显示其通过抑制突变物对菌株的致突变作用而实现抗突变作用。

6）其他功能

Hou 等（1999）研究发现，怀山药根茎中含有一种蛋白质 dioscorin，具有抗 1,1-二苯基-2-三硝基苯肼（DPPH）的作用和羟基自由基活性，同时还具有碳酸酐酶（carbonic anhydrase，CA）样活性，能催化反应 $CO_2 + H_2O \rightleftharpoons H^+ + HCO_3^-$，并抑制胰蛋白酶活性等，具有调节体内酸碱平衡的作用；有 3 种 CA，即 α-CA、β-CA 和 γ-CA，其中哺乳动物和绿色植物属于 α-CA 类型，其他植物属于 β-CA 类型，但怀山药中的 dioscorin 属于 α-CA 类型。

覃俊佳等（2003）研究发现，褐苞薯蓣和怀山药都能增加去势小鼠性器官的重量，改善肾阳虚小鼠体重及体温，具有补肾、雄激素样作用。

另外，怀山药还能提高肉鸡营养物质利用率，改善肉仔鸡的生长速度和品质，可以作为饲料添加剂用于开发利用。

1.3.3　怀山药的经济价值

怀山药是人们公认的药食同源的食物，具有药食兼用的特殊价值。怀山药为特种经济作物，适应性强、产量高、效益好。在土层深厚肥沃的地区开发种植怀山药，是当前种植业结构调整、发展高效农业、促进农民增收较为理想的种植策略。

近年来，随着人民生活水平的提高，对怀山药的需求量越来越大，怀山药以其营养价值高、适应性强、用途广而深受广大消费者喜爱。怀山药除供鲜食外，还可以加工成多种保健食品、功能性食品等，亦能出口外销。在医药方面除传统的加工配方之外，还可开发提取多种有效药用成分。但是，我国山药制品开发目前处于起步阶段，药用化工产品领域几乎为空白，不能满足市场需求。随着科学技术的发展，怀山药的深加工是一项很有前景的产业。另外，随着山药开沟机械的普及，山药种植工人已从繁重的体力劳动中解脱出来，大面积种植怀山药已成为可能。随着发达国家经济发展，其国内劳动力缺乏，怀山药种植、收获的成本增加，栽培面积减少，进口需求增加，使我国怀山药出口量逐年增加，国际市场十分广阔。同时，怀山药是一季生产全年供应的特殊蔬菜，价格相对稳定，市场需求量大，种植怀山药市场广、收益大、风险小。因此，发展怀山药生产是发展高效农业、促进农业结构调整和增加农民收入的好项目，发展前景十分广阔。

第 2 章　怀山药无硫护色

新鲜果蔬在生产加工过程中会发生褐变，主要是因为果蔬中含有多酚氧化酶（polyphenol oxidase，PPO）。高等植物体内，PPO 位于叶绿体的类囊体及其他质体的基质中，其底物则位于液泡中，因此正常组织中 PPO 与其底物是分离的。当植物组织受到损伤后，PPO 开始与底物接触并产生相互作用，单酚氧化酶使单酚氧化为双酚，儿茶酚氧化酶使双酚氧化为醌，醌自发集合并与细胞内蛋白质氨基酸基团发生反应，于是产生黑色和褐色物质，这就是酶促褐变的主要原因。

由于怀山药含有大量水分和黏液物质，干燥过程中容易产生变色和有效成分损失等问题。变色是因为在长时间的高温干燥过程中，细胞被破坏后活性物质在氧气和酶的作用下产生褐变。目前普遍采用的护色方法是熏硫，但随之而来的是硫超标问题，影响消费者的身体健康。随着生活水平的提高，健康问题越来越成为人们关注的焦点，因此，怀山药的护色研究主要集中在无硫护色上。

目前怀山药除了鲜食外，主要是制成怀山药干制品（中药材）或进一步研磨成粉末（怀山药粉），以保证其色泽与品质，避免其产生严重褐变。对于怀山药中 PPO 的最适 pH、最适温度等特性，以及寻找多种化学试剂对多酚氧化酶进行抑制已有很多研究。韩涛等研究切割怀山药片在储存期间的色泽变化和护色剂的作用，得出柠檬酸和维生素 C 都对切片怀山药有很大的护色作用；李晓莉等用柠檬酸、苹果酸、L-抗坏血酸对 PPO 进行护色处理；黄绍华等得到怀山药粉最佳护色参数为 Na_2SO_3 0.25%、柠檬酸 0.25%、NaCl 1.5%；胡传银等得到怀山药片保鲜技术最佳复合护色液：1.0% NaCl+0.2%柠檬酸+0.5%维生素 C+0.25% $CaCl_2$；郁志芳等研究了 $NaHSO_3$、EDTA-2Na、$Zn(Ac)_2$、CA、维生素 C、L-Cys、NaCl 对怀山药褐变的抑制作用；林信宏等采取 2 种前处理方法，即化学前处理与物理前处理，来减少怀山药的褐变现象。

本章以新鲜怀山药为原材料，研究怀山药 PPO 特性，以单一抑制剂对怀山药褐变控制效果为基础，采用正交试验设计，确定出无硫复合护色液在怀山药的褐变控制过程中的最佳浓度配比组合，旨在为怀山药的加工、保鲜提供技术支持，以期解决怀山药加工和储藏过程中的褐变及硫超标问题。从而为怀山药片的储藏和鲜切产品的生产提供科学的理论依据和实践指导，实现怀山药作为天然保健食品丰富资源的充分利用和开发。

2.1　材料与方法

2.1.1　材料与试剂

怀山药，从河南温县当地市场购得。选择个体完整、粗细均匀、表皮无霉、无病虫害、无损伤、肉质洁白的光皮长柱形新鲜怀山药。

试剂（分析纯）：柠檬酸、无水氯化钠（NaCl）、维生素 C、L-半胱氨酸、邻苯二酚、磷酸二氢钠、磷酸氢二钠。

2.1.2　试验仪器及设备

紫外-可见分光光度计[WFZ UV-2008AH 型，尤尼柯（上海）仪器有限公司]

微量高速台式离心机（TG16-W 型，长沙湘仪离心机仪器有限公司）

电子天平[BS223S 型，赛多利斯科学仪器（北京）有限公司]

恒温水浴锅（HH-S 型，江苏金坛市亿通电子有限公司）

2.1.3　试验方法

1. 怀山药中 PPO 的提取与测定

1）PPO 粗酶液的提取

取新鲜怀山药 2 g，研磨，加入 15 ml 磷酸缓冲液（pH 6.8）匀浆 2 min，8 层纱布过滤后离心分离 10 min（5000 r/min），取上清液（粗酶液）待用。

2）工作波长的选择

2 ml 磷酸缓冲液（pH 6.8）、1.0 ml 邻苯二酚溶液（0.8%）和 0.1 ml 新鲜怀山药粗酶液于室温混合后迅速摇匀，用紫外-可见分光光度计于 390～530 nm 波长测量吸光度变化，得出其最适工作波长为 408 nm。

3）PPO 的活力测定

2 ml 磷酸缓冲液（pH 6.8）、1.0 ml 邻苯二酚溶液（0.8%）和 0.1 ml 新鲜怀山药粗酶液于室温混合后迅速摇匀，在紫外-可见分光光度计上以 408 nm 的波长测量吸光值。

采用分光光度法，取 2 支试管，各加入 pH 6.8 的磷酸缓冲液 2 ml，底物 0.8% 的邻苯二酚 1 ml，在其中一支试管中加入粗酶液 0.5 ml，在另一支试管中加入蒸馏水 0.5 ml（作为空白溶液），在 408 nm 波长下测定吸光值变化，每隔 30 s 记录

1 次，共记录 5 min。一个活力单位（U）定义为测定条件下每毫升（ml）酶液每分钟（min）引起吸光值改变 0.001。

$$酶活力 = \frac{\Delta OD_{408\,nm}}{0.001 \times 0.5 \times 0.5} \tag{2-1}$$

4）pH 对 PPO 活力的影响

配制 pH 2.9～8.1 的一系列磷酸缓冲液，按上述方法分别测定不同 pH 的磷酸缓冲液与酶液及底物混匀后的吸光值，也即在试管中加入已配好的不同 pH 的磷酸缓冲液 2 ml，PPO 粗酶液 0.5 ml，0.04 mol/L 的邻苯二酚 1.0 ml，混匀后在室温下测定 PPO 的活力。

5）温度对 PPO 活力的影响

试管中，以 0.04 mol/L 的邻苯二酚溶液 1.0 ml 为底物，加入 pH 6.0 的磷酸缓冲液 2 ml，在不同温度（25～65℃的温度条件）下保温 5 min，加入 PPO 粗酶液 0.5 ml，混匀后迅速测定吸光度，转换为 PPO 的活力。

6）怀山药中 PPO 的热稳定性

在 10 ml 试管中加入一定量酶提取液，置于 100℃水浴中加热 5～35 s，取出后迅速冷却到室温，测定残余酶活力。

7）底物浓度对 PPO 活力的影响

配制 0.01～0.09 mol/L 不同浓度的邻苯二酚，0～4℃冷藏待用。分别以 0.01～0.09 mol/L 的邻苯二酚水溶液为底物，按上述方法分别测定不同底物浓度下 PPO 的活力。

8）酶液浓度对 PPO 活力的影响

分别取 100～500 μl 酶液及相同剂量的纯净水作空白溶液，按本小节"3）PPO 的活力测定"介绍的方法分别测定不同酶液浓度下 PPO 的活力。

2. 抑制剂对 PPO 活力的影响

分别配制 0.0、0.2%、0.4%、0.6%、0.8%、1.0%、1.2%、1.4%、1.6%、1.8% 的一系列柠檬酸溶液；0.75%、1.00%、1.25%、1.50%、1.75%、2.00%、2.25%、2.50%、2.75%的一系列 NaCl 溶液；0.000、0.010%、0.012%、0.014%、0.016%、0.018%、0.020%、0.022%、0.024%、0.026%的一系列维生素 C 溶液；0.000、0.010%、0.012%、0.014%、0.016%、0.018%、0.020%、0.022%、0.024%、0.026%的一系列 L-半胱氨酸溶液。pH 6.0 缓冲液 2 ml、底物 0.04 mol/L 邻苯二酚 1 ml、酶液 0.5 ml、蒸馏水 0.5 ml（作为空白溶液）分别加入已配好的抑制剂 0.5 ml。室温下反应 5 min 后测定 OD 值，并转化成 PPO 活力，根据下式转化成相对抑制率：

$$相对抑制率（\%）= \frac{A_0 - A_1}{A_0} \times 100 \tag{2-2}$$

式中，A_0 为未添加抑制剂的 PPO 活力；A_1 为添加了抑制剂后的 PPO 活力。

3. 正交试验

根据 4 种抑制剂对 PPO 活力的抑制效果，选取其最佳抑制浓度做正交试验，再另外加上浸泡时间的因素，采用 L₈（2⁷）正交表进行主要因素优化试验。按同样的方法测定抑制率，筛选出复合护色液的最佳配比。

2.2　结果与分析

图 2-1～图 2-5 分别为不同 pH、温度、稳定性、底物浓度和酶液浓度条件下的 PPO 活力变化趋势，具体如下。

2.2.1　pH 对 PPO 活力的影响

图 2-1 表明，在 pH<5.7 怀山药中多酚氧化酶的酶活力随 pH 升高而增强，pH 达到 5.7 时怀山药的多酚氧化酶的酶活力最强，继续升高 pH，其酶活力急剧下降。因而在偏酸或偏碱的条件下酶活力会受到抑制，因此调节 pH 能有效地抑制酶活力，在实际生产工艺设计时，应选择在活力较低的 pH 段内进行。

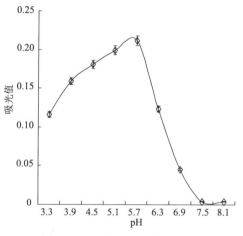

图 2-1　pH 对 PPO 活力的影响

2.2.2　温度对 PPO 活力的影响

温度对 PPO 活力的影响见图 2-2。图 2-2 表明，当温度小于 30℃时怀山药的 PPO 活力随温度的升高而增强；当温度达到 30℃时其酶活力最大；当温度继续上升时，酶活力开始逐渐减弱。说明怀山药 PPO 的反应适宜温度为 30℃。升温初期，随着温度增加，参与反应的多酚分子动能增大，反应速率加快；温度高于 30℃时，随着温度增加，蛋白质分子热运动增大，蛋白质分子空间结构被破坏，使得怀山药 PPO 的活力降低。实验结果也可能与此有关，低温时怀山药中的多糖-蛋白质对 PPO 活力有保护作用；随着温度增加，多糖-蛋白质被解体破坏，保护作用丧失，温度对怀山药 PPO 活力的影响也就更加显著。

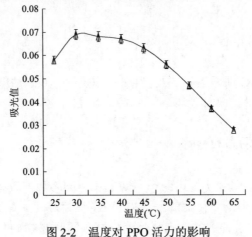

图 2-2　温度对 PPO 活力的影响

2.2.3　怀山药中 PPO 活力的热稳定性

由图 2-3 可知，在高温条件下，酶活力受到很大程度的抑制。随着加热时间的延长，酶活力迅速下降，当加热 15 s 后，吸光值为 0.162；之后酶活力随加热时间延长而下降的趋势明显减缓，也就是说经 100℃水浴处理 15 s 后，酶活力已经大大降低。因此，生产加工过程中也可以通过热烫来抑制酶的活力。

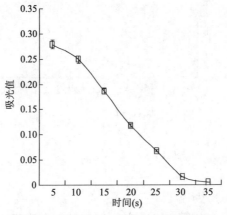

图 2-3　怀山药中 PPO 活力的热稳定性

2.2.4 底物浓度对 PPO 活力的影响

图 2-4 表明，随着底物浓度的逐渐增大，多酚氧化酶的酶活力也随之增大，当底物浓度达到 0.05 mol/L 后，这种增长的趋势趋于平缓。

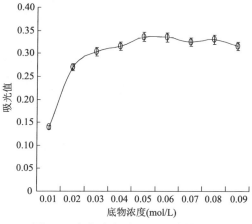

图 2-4 底物浓度对 PPO 活力的影响

2.2.5 酶液浓度对 PPO 活力的影响

由图 2-5 可以看出，当底物足量时，多酚氧化酶的活力随酶液浓度的增加而呈显著的直线上升趋势。

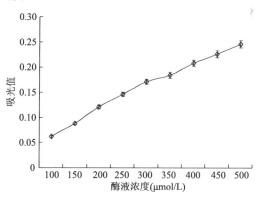

图 2-5 酶液浓度对 PPO 活力的影响

2.3 最佳无硫复合护色条件的确定

分别选取 NaCl 溶液、柠檬酸溶液、维生素 C 溶液和 L-半胱氨酸溶液做单因素试验，各种抑制剂的抑制效果见图2-6～图2-9。

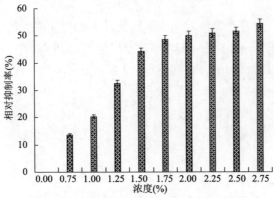

图 2-6　NaCl 对 PPO 活力抑制作用的影响

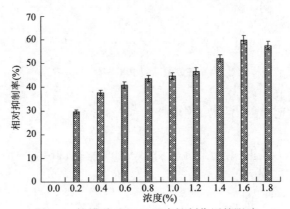

图 2-7　柠檬酸对 PPO 活力抑制作用的影响

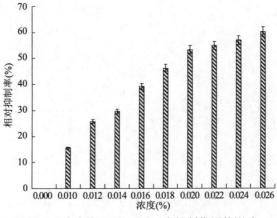

图 2-8　维生素 C 对 PPO 活力抑制作用的影响

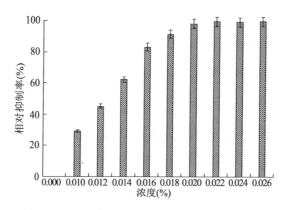

图 2-9 L-半胱氨酸对 PPO 活力抑制作用的影响

2.3.1 NaCl 对 PPO 活力的抑制作用

由图 2-6 可知，NaCl 溶液对怀山药多酚氧化酶的活力有很好的抑制效果，即 NaCl 浓度越高抑制效果越好。NaCl 溶于水后使水中的溶解氧减少，酚类氧化酶难以与氧直接接触；且钠离子可与 PPO 中的铜离子竞争，从而降低 PPO 的活力；NaCl 溶液的高渗透压，也可使酶脱水失活。但过高浓度的 NaCl 溶液不仅会影响怀山药的口感，还对人体不利，所以对怀山药进行处理不宜采用过高浓度 NaCl 溶液。因此，本试验选取 NaCl 溶液浓度为 2.25%，继续做正交试验以确定复合护色液的浓度配比。

2.3.2 柠檬酸对 PPO 活力的抑制作用

酸性溶液既可降低 pH，又可抑制 PPO 活力。由图 2-7 可知，柠檬酸浓度越高抑制效果越好。柠檬酸中的羧基可与 PPO 中的铜离子产生螯合作用，对怀山药 PPO 活力有一定的抑制作用，但过高浓度的柠檬酸溶液同样会影响怀山药的口感。因此，本试验选取柠檬酸浓度为 1.2%，继续做正交试验以确定复合护色液的浓度配比。

2.3.3 维生素 C 对 PPO 活力的抑制作用

维生素 C 作为还原剂可降低护色液中氧含量，还有漂白色素的作用。维生素 C 还可作为醌的还原剂，起到竞争性抑制剂的作用。由图 2-8 可看出，维生素 C 对抑制 PPO 活力有较好的效果。当维生素 C 的浓度为 0.022% 时，酶活力受到了较大的抑制作用；但随着浓度的进一步增大，抑制作用并不明显。因此，本试验选取维生素 C 浓度为 0.020%，继续做正交试验以确定复合护色液的浓度配比。

2.3.4 L-半胱氨酸对 PPO 活力的抑制作用

L-半胱氨酸是一种 PPO 抑制剂，对怀山药 PPO 活力有一定的抑制作用。由图 2-9 可知，L-半胱氨酸浓度越大抑制效果越好，当 L-半胱氨酸的浓度达到 0.020%以后，抑制效果趋于平稳。因此，本试验选取 L-半胱氨酸浓度为 0.018%，继续做正交试验以确定复合护色液的浓度配比。

2.3.5 正交试验

根据各单因素试验选取的适合浓度，在此基础上对其进行上下波动，定位正交试验的因素水平，选取正交试验的因素和水平见表 2-1，采用 $L_8(2^7)$ 正交表进行主要因素优化试验。

表 2-1　因素水平编码表

因素 水平	A L-半胱氨酸 （%）	B 柠檬酸 （%）	C 维生素 C （%）	D NaCl （%）	E 浸泡时间 T （h）
1	0.016	1.0	0.016	2.00	2
2	0.020	1.4	0.024	2.50	3

由表 2-2 可得，五因素对护色效果的影响程度由大到小依次为 L-半胱氨酸>柠檬酸>浸泡时间>NaCl>维生素 C，无硫复合护色液的最佳水平为 $A_2B_2C_1D_2E_2$，经极差分析得出最佳无硫护色配比为，L-半胱氨酸、柠檬酸、维生素 C 及 NaCl 的质量分数分别为 0.020%、1.4%、0.016%和 2.50%，浸泡时间为 3 h。

表 2-2　试验正交表及结果分析

试验号	A	C	A×C	B	D	E		抑制率（%）
1	1	1	1	1	1	1	1	64.26
2	1	1	1	2	2	2	2	93.45
3	1	2	2	1	1	2	2	89.31
4	1	2	2	2	2	1	1	91.52
5	2	1	2	1	2	1	2	93.74
6	2	1	2	2	1	2	1	96.63

试验号	A	C	$A×C$	B	D	E		抑制率（%）
7	2	2	1	1	2	2	1	93.83
8	2	2	1	2	1	1	2	96.34
$K1$	3.385	3.481	3.479	3.411	3.465	3.459	3.462	
$K2$	3.805	3.710	3.712	3.779	3.725	3.732	3.728	
$k1$	0.846	0.870	0.870	0.853	0.866	0.865	0.866	
$k2$	0.951	0.928	0.928	0.945	0.931	0.933	0.932	
R_j	0.105	0.057	0.058	0.092	0.065	0.068	0.066	
较优水平	A_2	C_1	$(A×C)_2$	B_2	D_2	E_2		
因素主次	A	B	E	D	$A×C$	C		
优组合				$A_2B_2C_1D_2E_2$				

2.4 小　结

（1）以邻苯二酚为底物，采用分光光度法扫描怀山药多酚氧化酶最适波长位于 408 nm 处。

（2）怀山药多酚氧化酶的最适反应 pH 为 5.7；最适反应温度为 30℃；热稳定性随着加热时间的延长而降低；多酚氧化酶的活力随着底物浓度的升高而增强，而后趋于平稳；多酚氧化酶的活力随着酶液浓度的升高而直线上升。

（3）L-半胱氨酸、柠檬酸、NaCl、维生素 C 对怀山药的 PPO 活力有抑制作用，最佳的无硫护色配比为，L-半胱氨酸、柠檬酸、维生素 C 及 NaCl 的质量分数分别为 0.020%、1.4%、0.016%和 2.50%，浸泡时间为 3 h。

第3章　怀山药常规干燥技术

怀山药是我国传统的药食同源食物，由于其水分含量高，易腐烂变质，故主要以干制品的形式流通。传统的干燥方式一般是日光曝晒、自然晾干。但是这种干燥方式容易受到自然天气变化的影响，同时干燥时间较长，且卫生条件差。目前常用的怀山药（含怀山药粉）干燥技术有热风干燥、热泵干燥、太阳能干燥、微波干燥、真空干燥、微波真空干燥、真空冷冻干燥、红外辐射干燥、喷雾干燥、常压冷冻干燥及新型联合干燥。热风干燥依然是怀山药常用的干燥方法，经过几十年的发展应用，其干燥产品质量有了进一步提高；先进的真空干燥、低温干燥等技术虽然能显著提高怀山药产品的品质，但存在着设备和运行成本偏高的问题，极大地制约了它们的推广应用。从干燥技术的发展现状来看，常规的单一模式干燥技术和装备在应用过程中均存在着瓶颈问题，怀山药干燥领域发展的趋势是研究低碳节能技术和优化组合干燥技术及其装备，以降低能耗、提高干燥效率及其品质。

3.1　怀山药干燥技术简介

3.1.1　热风干燥

热风干燥（hot-air drying，HAD）是传统的干燥技术，也是目前在粮食、果蔬中应用最为广泛的干燥方法。热风干燥利用具有一定温度的热空气，经过所要干燥的物料表面来除去其中的水分。目前，生产实践中常用的怀山药热风干燥设备，仍以对流传热干燥方式为主。热风干燥可分为连续式和批量式干燥两大类，其热源燃料大部分采用煤炭，也有少部分利用生物质秸秆、稻壳及燃油等。

采用热风干燥对怀山药进行脱水处理，其干燥设备简单、易于操作、生产成本低、干燥过程中介质温度和湿度易于调控。但其干制品存在着变色严重、组织塌陷、性味消失，甚至丧失有效的食用和药用价值等质量问题。尤其是许多厂家采用熏硫的方法来抑制其褐变，却带来了硫超标问题。陈艳珍（2009b）以新鲜怀山药为试验材料，对其进行无硫护色及热风干燥研究，结果表明热风干燥虽然时间短、能耗低，但是干燥后产品易干翘变硬，干制品品质较差。此外，怀山药中大量对热敏感的功能性成分在热风干燥中损失极大。

3.1.2　热泵干燥

热泵干燥（heat pump drying，HPD）是利用制冷系统使得待干燥介质降温脱湿，同时回收水分、凝结潜热，加热空气进行闭路循环，以达到干燥物料的一种干燥技术。利用该技术制得的干制品品质好、能耗低，但是在干燥的中后期阶段，干燥速率减缓且能耗较高，使得干燥时间增加，导致产品品质下降。

1. 热泵干燥原理

热泵干燥系统工作时，热泵压缩机做功并利用蒸发器回收低品位热能，在冷凝器中则使之升高为高品位热能。热泵工质在蒸发器内吸收干燥室排出的热空气中的部分余热，蒸发变成蒸汽，经压缩机压缩后，进入冷凝器中冷凝，并将热量传给空气。由冷凝器出来的热空气再进入干燥室，对湿物料进行干燥。出干燥室的湿空气再经蒸发器将部分显热和潜热传给工质，达到回收余热的目的；同时，湿空气的温度降至露点会析出冷凝水，从而达到除湿的目的。

从热泵工作原理来看，如果将热泵用于目前普遍采用的热风干燥机的余热回收，将具有极大的应用价值。热风干燥机排出的尾气温度较高，这部分热量损失非常大。将尾气经过除尘后用引风机引入热泵干燥机的蒸发器，可将废气中的水分除去，然后再经过冷凝器加热后循环导入热风干燥机，就可充分回收这部分余热。

2. 热泵干燥节能分析

由于空气源热泵机组的制热量和所使用的电能不是同等品质的能量，要评价热泵的节能效应就必须采用一次能利用率即能量利用率。空气源热泵机组的能量利用率是指热泵的制热量与一次能耗的比值，即：

$$热泵的供热系数(COP) = GT_1/(T_1 - T_2) = Q_1/W \qquad (3-1)$$

式中，G 为热泵的总效率，一般为 0.45～0.75；Q_1 为热泵的实际供热量，$Q_1 = Q_2 + W$，Q_2 为制冷工质从低温热源吸收的热量；T_1 为制冷工质的冷凝温度；T_2 为制冷工质的蒸发温度；W 为压缩机的功耗。

当 T_1 一定时，$T_1 - T_2$ 越小，则 COP 值越高。一般情况下，T_2 随低温热源温度的增高而增大。

热泵总效率在一定温度范围内随外界温度升高、目标温度降低而升高。如总效率取 0.6，设 T_1 为 45℃，T_2 为 39℃，则热泵的实际供热系数 COP = 4.5，说明压缩机消耗 1 kJ 的电能，循环空气在冷凝器处可获得约 4.5 kJ 的热能，比电加热器高 4 倍多。根据国家有关部门公布的发电能耗，取发电效率为 0.33，即 1 kJ 电能需消耗 3 kJ 热能，也就是说只要热泵的供热系数大于 3 就节约了一次能源。同时若取工业锅炉及管网的供热总效率（主要指燃烧效率和换热器效率）为 0.6，则只要热泵的供热系数大于 0.6/0.33 ≈ 1.8，就优于锅炉供热。一般来说，COP > 3，节约一次能源；COP > 2，优于锅炉供热；COP > 1，优于电加热器加热。

形象地说，电加热器、锅炉供热等是转化能量，热泵是搬运能量，如空气热泵就是将外界空气中的能量搬到所需要的空气中，因此，热泵可用于怀山药通风干燥的辅助热源。在国外，热泵干燥技术已广泛应用于粮食、果蔬、水产品等物料的加工过程。我国热泵干燥技术的研究起步于 20 世纪 80 年代，近年来，虽然热泵干燥技术的研究也有一定进展，但在规模化应用方面还没有取得实质性突破。热泵干燥技术的最大特点在于低水分干燥阶段发挥最大效能，节能效果好。

3.1.3 微波干燥

无论是日光、热风等传统干燥方法，还是比较先进的真空冷冻及热泵干燥方法，它们的传热机理均是基于对流或传导加热，热量是从外部向内部逐渐传递的，因此干燥时间普遍较长。微波是指波长为 1 mm～1 m、频率为 $3.0 \times 10^2 \sim 3.0 \times 10^5$ MHz、具有穿透性的电磁波。我国工业加热应用的微波特定频率为 915 MHz（λ=33 cm）和 2450 MHz（λ=12.2 cm）。

微波干燥（microwave drying，MD），其原理是依靠高频电磁波引发干燥物料内水等极性分子的运动，使物料内的极性分子按微波频率作同步旋转和摆动。水等极性分子高速旋转的结果是使物料内部瞬时产生摩擦热，导致物料内部和表面同时升温，使大量的水分子从物料中蒸发逸出，从而达到干燥的目的。微波具有加热速度快、干燥时间短、选择性好、能源利用率高和便于控制等优点。但目前微波干燥技术的主要局限是微波干燥设备较为贵重、复杂，需专门设计，投入资金较高，而且从电能到电场能的转化率只有 50%，使得干燥能耗加大。易出现加热过度，使产品品质下降，特别是物料热敏性成分损失严重。微波加热可以和对流或者真空干燥技术相结合，充分利用微波干燥技术快速、高效等优点，以降低能耗。

3.1.4 真空干燥

真空干燥（vacuum drying，VD）又称为减压干燥，是一种将物料置于负压条件下，物料内水分在此条件下，熔点及沸点都随着真空度的提高而降低，并适当通过加热达到负压状态下的沸点或者通过降温使得物料凝固后通过熔点来达到脱水干燥目的的干燥技术。由于低压干燥条件下的氧含量较低，可防止物料氧化变质，如避免脂肪氧化、色素褐变等，并可防止物料中有毒有害成分的排放，因此适用于干燥热敏性物料及回收高附加值物料的有效成分，可成为"绿色环保"的干燥技术。但是真空干燥技术需要配备一套能除湿的真空系统，这使得设备投资运转费用升高，且有生产效率低、产量小等缺点。真空微波联合干燥技术，结合了微波加热和真空干燥两者的优点，是一种很有应用前景的干燥技术。

3.1.5　真空冷冻干燥

真空冷冻干燥（freeze drying，FD）技术也称冻干技术，是将物料冻结到共晶点温度以下，物料中的水分变成固态，在加热板温度和真空度条件下，使固态冰直接升华为水蒸气，从而获得干制品的一项干燥技术。其干制品能最大限度地保持新鲜物料的原有色、香、味、形和营养成分，是生产高品质脱水果蔬的最好方式。近年来，真空冷冻干燥技术开始用于怀山药的干燥，其外观和内在品质得到了极大提升，但售价一直居高不下，限制了其市场的进一步扩大。FD 需要在高真空条件下加热，由于没有对流，传热效率很低，处理怀山药等高含水率物料往往需要长达 30 h 以上的干燥时间。此外，干燥过程中的大功率制冷机组、真空系统、加热系统的运转使冻干的运行成本极高。因此，如能在不影响产品质量的前提下大幅度降低 FD 的能耗和成本，则可极大增强冻干怀山药的市场竞争力。

目前，真空冷冻干燥是干燥品质最佳的脱水方式，广泛应用于食品和制药行业，但其存在干燥时间长、能源消耗大、成本高的问题。为了提高冷冻干燥技术的干燥速率、降低成本，除对冻干技术的工艺进行改进外，还应探索研究新型的冷冻干燥技术。

3.1.6　红外辐射干燥

红外辐射是指波长介于可见光和微波之间，即波长为 0.76~1000 μm 的电磁波。英国天文学家 William Herschel 在 1800 年研究太阳光谱时第一次发现红外辐射现象。20 世纪 30 年代，红外辐射干燥（infrared radiation drying，IRD）技术首先在美国应用于物料干燥。通常所说的红外辐射指的是热辐射，当用红外线照射物料表面时，物料分子的振动频率与红外线振动频率相同，物料就吸收红外线，使其中水分子能量增加、运动激烈、产生热效果，水分子进而汽化，从而达到干燥脱水的目的。果蔬红外干燥是一个复杂的质热传递过程，是热扩散、生物和化学等过程的综合体,其特殊的生物性决定了这些物料具有很强的热敏性。近年来,红外辐射干燥技术在果蔬干燥领域的应用和研究得到了较快的发展。目前,红外辐射与真空干燥技术联合应用,在低压状态下可有效减少物料易氧化成分和热敏性成分的损失,日益受到研究人员的关注。

3.1.7 太阳能干燥

太阳能干燥(solar energy drying,SED)是利用太阳辐射的热能,将湿物料中的水分蒸发除去的干燥技术,属于可持续发展的"绿色"干燥技术。太阳能储量相当丰富,每年到达地球表面的太阳能辐射量约为 8.5×10^{16} J,这个数量相当于目前全世界总发电量的几十万倍。我国大部分地区太阳能辐射量较大,2/3 的国土年辐射时间超过 2200 h,年辐射总量超过 5 GJ/m^2。利用太阳能进行怀山药干燥一般有两种方式:一是以空气或水为介质,在有太阳的情况下利用太阳能热水器将水温加热到 98℃,再利用热水介质来干燥物料;二是建立暖房,将被干燥物料置于暖房内干燥。然而太阳能干燥最大的不足是受天气状况的影响大,且一次性投资较大。

3.2 怀山药热风干燥、微波干燥、真空干燥技术

3.2.1 引言

怀山药为薯蓣科多年生缠绕草质藤本植物,主要成分有淀粉、胆碱、糖蛋白等,虽然具有较高的药用价值和食用价值,但对其进行干燥加工处理的研究报道较少。

热风干燥的特点是干燥时间长、干燥速率低及能耗高,且产品品质难以保证;微波干燥作为新的干燥手段,具有干燥时间短、热效率高的优点,但物料温度局部过高,从而导致产品品质下降;真空干燥是在真空低压环境下,水的沸点较低,物料中的水分在较低的温度下蒸发,因而有利于保存物料中维生素及热敏性物质等营养成分。

本节分别采用热风干燥、微波干燥和真空干燥对新鲜怀山药进行干燥试验研究,旨在探索不同的干燥处理方法对怀山药干燥特性及其品质的影响,为怀山药加工、保鲜及储藏提供技术支持。

3.2.2 试验材料与方法

3.2.2.1 材料与试剂

新鲜怀山药：从河南温县当地市场购得。选择个体完整、粗细均匀、表皮无霉、无病虫害、无损伤、肉质洁白的光皮长柱形新鲜怀山药。

护色液：按质量分数为 0.020% L-半胱氨酸、1.4%柠檬酸、0.016%维生素 C 及 2.50% NaCl 配制成水溶液（见 2.3.5）。

3.2.2.2 试验仪器及设备

物料烘干试验台（GHS-II型，黑龙江农业仪器设备修造厂）
自动恒温控制仪（GHS-II型，黑龙江农业仪器设备修造厂）
微波炉（Galanz WD800 型，广东格兰仕微波炉电器制造有限公司）
真空干燥箱（DZF-6050 型，巩义市予华仪器有限责任公司）
循环水式真空泵（SHZ-DIII，巩义市英峪仪器厂）
紫外-可见分光光度计[WFZ UV-2008AH 型，尤尼柯（上海）仪器有限公司]
电子天平[BS223S 型，赛多利斯科学仪器（北京）有限公司]
恒温水浴锅（HH-S 型，江苏金坛市亿通电子有限公司）

3.2.2.3 试验方法

1. 护色处理

怀山药清洗、去皮→切片（厚 5 mm）→护色（于上述护色液中浸泡 3 h）→沥干表面水分→备用。

2. 干燥处理

1）热风干燥

在切片厚度为 5 mm、风速为 0.15 m/s 的条件下，考查风温（50℃、65℃和 80℃）对怀山药干燥特性的影响。

在切片厚度为 5 mm、风温为 60℃的条件下，考查风速（0.2 m/s、0.4 m/s 和 0.6 m/s）对怀山药干燥特性的影响。

2）微波干燥

以单位质量微波功率（微波平均输出功率与物料初始装载质量的比值，试验分别选取 4 W/g、8 W/g、12 W/g、16 W/g 和 20 W/g）为表征对象，考查微波功率及物料装载量对怀山药干燥特性的影响。

3）真空干燥

在切片厚度为 5 mm、真空度为 0.075 MPa 的条件下，考查加热温度（60℃、70℃和 80℃）对怀山药干燥特性的影响。

在切片厚度为 5 mm、加热温度为 75℃的条件下，考查真空度（0.07 MPa、0.08 MPa 和 0.09 MPa）对怀山药干燥特性的影响。

3. 干燥参数的测定与计算

1）初始含水率测定

怀山药样品放入电热恒温鼓风干燥箱中，于 45℃烘至恒重，称取干燥前质量（G_1）与干燥后的绝对干物质质量（G_2），得出初始含水率（W）为

$$W(\%) = \frac{G_1 - G_2}{G_1} \times 100 \qquad (3\text{-}2)$$

2）安全含水率的确定

水分含量是物料加工、储藏及出售时要考虑的重要因素，干燥的目的是将物料中的水分降低到安全储藏及适合加工的范围内。在此范围内的含水率称为安全含水率。根据经验值，怀山药的水分含量一般控制在 8%以下，真空微波冻干控制在 5%以下。

3）实时含水率测定

在干燥过程中，定时取出样品，称取质量，采用干基含水率表示，计算公式为

$$W(\%) = \frac{C_1 - C_2}{C_2} \times 100 \qquad (3\text{-}3)$$

式中，W 为怀山药干基含水率（%）；C_1 为定时称取怀山药的质量（g）；C_2 为怀山药中绝对干物质质量（g）。

4）复水率测定

干制怀山药于室温水中浸泡 1 h 后取出，沥干表面水分，检测其质量变化，由公式（3-4）求出复水率：

$$R_f(\%) = [(m_f - m_g) / m_g] \times 100 \qquad (3\text{-}4)$$

式中，R_f 为干燥怀山药的复水率（%）；m_f 为样品复水后的沥干重（g）；m_g 为干燥怀山药样品质量（g）。

5）干燥速率计算

在干燥怀山药过程中，定时取出怀山药称取质量，怀山药干燥速率按照公式（3-5）进行计算：

$$V(\text{g}\,/\,\text{min}) = \Delta G\,/\,\Delta T \tag{3-5}$$

式中，V 为干燥速率（g/min）；ΔG 为固定时间段内怀山药质量变化量（g）；ΔT 为固定时间间隔（min）。

6）单位质量微波功率

通过调节微波炉在固定时基周期的微波发射时间，可获得 20%～100% 多档的平均输出功率。试验中在不同的微波平均输出功率下，调整试验物料量大小，得到不同的单位质量微波功率：

$$单位质量微波功率(\text{W}\,/\,\text{g}) = \frac{微波平均输出功率}{干燥初始物料质量} \tag{3-6}$$

7）干燥曲线的测定

在进行干燥试验前，试验精密电子天平和电热鼓风干燥箱，按照标准的农产品水分检测方法检测经预处理的怀山药的初始含水量，每组试验中怀山药的初始含水量误差不大于 1%；在试验中，热风干燥每隔 30 min、微波干燥每隔 1 min、真空干燥每隔 60 min、微波真空干燥每隔 1 min 停止微波发射和真空泵的工作，将怀山药从干燥腔内取出，快速检测其质量变化，直至怀山药片含水量达到所要求的安全水分。绘制含水量和干燥速率随干燥时间变化的干燥曲线，以及干燥速率随含水量变化的干燥速率曲线。

8）怀山药多糖测定

怀山药多糖测定采用苯酚-硫酸比色法。

9）感官评定

分别从组织状态、色泽、气味三个方面进行评分，求平均值，标准见表 3-1。

表 3-1　感官评分项目与评分标准

项目	分数	评分标准	
组织状态	30	18～30 分	山药片大小均匀，形态完整，不收缩
		8～18 分	山药片比较均匀，无大块的焦糊处
		8 分以下	软烂，表面粗糙，焦糊处较多
色泽	40	25～40 分	干燥后应具有山药特有的白色，色泽一致
		10～25 分	干燥后应具有山药特有的白色，色泽基本一致
		10 分以下	山药呈白色，有时伴有色斑
气味	30	18～30 分	有山药的特有风味，无异味
		10～18 分	无异味
		10 分以下	有异味

3.2.3 结果与分析

3.2.3.1 不同干燥方法对怀山药干燥特性的影响

1. 热风干燥特性及影响因素

1）风温的影响

图 3-1 为试验条件（见 3.2.2）下湿基水分表示的怀山药干燥特性曲线，图 3-2 为同条件下干基水分变化表示的干燥速率曲线。

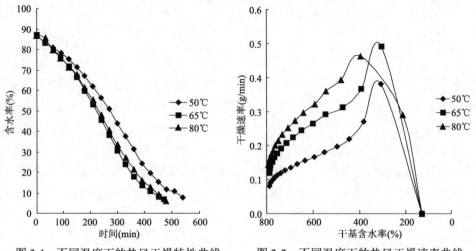

图 3-1 不同温度下的热风干燥特性曲线　　图 3-2 不同温度下的热风干燥速率曲线

由图 3-1 可以看出，干燥曲线光滑，呈逐渐下降趋势，说明怀山药热风干燥过程连续进行，样品水分逐渐减少。分析图 3-2 可知，三条曲线均表现出明显的增速过程，然后急速下降，无明显的恒速干燥过程。高温与低温的影响差别明显，各曲线均存在明显的降速干燥阶段转折点，但在不同干燥条件下，转折点处怀山药水分含量有所不同。

2）风速的影响

图 3-3 为试验条件（见 3.2.2）下的怀山药干燥特性曲线，图 3-4 为同条件下的干燥速率曲线。

图 3-3 为怀山药在风温 60℃，风速分别为 0.2 m/s、0.4 m/s、0.6 m/s 的干燥曲线。可知干燥过程是连续的，干燥曲线光滑，呈逐渐下降的趋势，怀山药所含水分逐渐减少。从初始含水量降至安全水分所用时间不同，风速高水分下降快，干燥时间明显缩短。从图 3-4 三条曲线可以看出，干燥过程表现出最初干燥速率是增加的，然后有极短暂的恒速阶段，随后呈急剧的下降趋势。从三条曲线对比来

看，风温不同，干燥速率不同，但高温与低温的影响差别不明显。

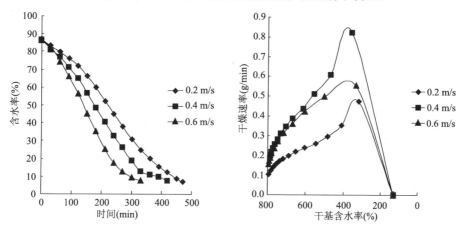

图 3-3　不同风速下的热风干燥特性曲线　　图 3-4　不同风速下的热风干燥速率曲线

2. 怀山药微波干燥特性及影响因素

图 3-5 和图 3-6 为试验条件（见 3.2.2）下怀山药微波干燥特性曲线和干燥速率曲线。由于怀山药干燥效果受到微波功率和装载量的共同影响，故以微波功率与装载量的比值单位质量微波功率为对象，考查其对怀山药干燥特性的影响。

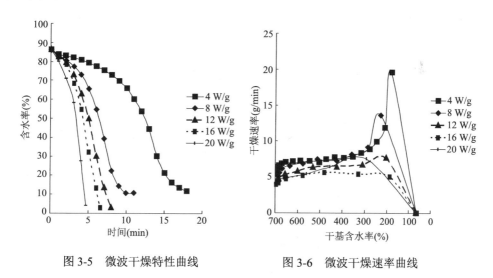

图 3-5　微波干燥特性曲线　　　　　图 3-6　微波干燥速率曲线

由图 3-5 可见，单位质量微波功率对怀山药的干燥速度影响很大，单位质量微波功率越高，干燥曲线越陡峭，所需干燥时间越短，由图 3-6 可见，单位质量微波功率越高，进入恒速干燥期越快，恒速阶段的干燥速率越大，水分去除越彻底。在本试验条件下，当单位质量微波功率为 20 W/g 时，仅需 4.67 min 就达到了 8%的安全水分，而当微波功率为 4 W/g 时，干燥到相同含水量则需要 19 min，且怀山药的恒速干燥阶段基本不存在。

3. 真空干燥特性及其影响因素

1）真空加热温度对干燥速率的影响

图 3-7 为试验条件（见 3.2.2）下的怀山药干燥特性曲线，图 3-8 为同条件下的干燥速率曲线。

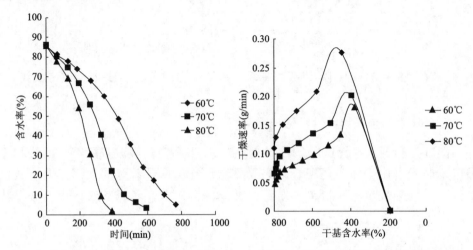

图 3-7　不同温度下的真空干燥特性曲线　　图 3-8　不同温度下的真空干燥速率曲线

从图 3-7 可以看出，干燥时间随着真空加热温度的增大而明显缩短。分析图 3-8 可知，干燥速率曲线中无明显的恒速干燥过程，加热温度越高，干燥速率就越快。三种温度相比较，70℃和80℃下前期干燥速度快，后期干燥速率和 60℃基本相同。由于怀山药高温下易造成诸如维生素损失和感官变劣等不良影响，并考虑节能减排，因此实际怀山药的干燥处理中应尽量降低真空加热温度。

2）真空度对干燥速率的影响

图 3-9 为试验条件（见 3.2.2）下怀山药干燥特性曲线，图 3-10 为同条件下的干燥速率曲线。

由图 3-9 可知，在切片厚度和真空加热温度一定的条件下，怀山药的干燥时间随着真空度的增大而缩短。分析图 3-10 可知，增速过程非常明显，真空度越高，干燥速率越快。与图 3-8 相比，真空度没有加热温度影响明显。

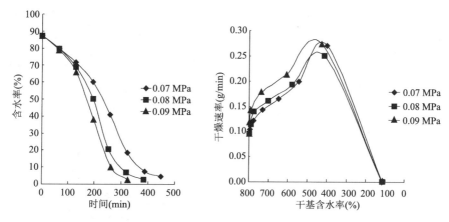

图 3-9　不同真空度下的真空干燥特性曲线　　　图 3-10　不同真空度下的真空干燥速率曲线

3.2.3.2　不同干燥工艺对怀山药品质的影响

1. 对感官品质的影响

从组织状态、色泽、气味三方面进行怀山药感官评定，结果如图 3-11 所示。

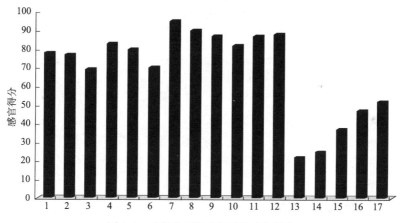

图 3-11　不同干燥工艺下的感官得分

1. 0.2 m/s，60℃；2. 0.4 m/s，60℃；3. 0.6 m/s，60℃；（热风干燥：风速）
4. 50℃，0.15 m/s；5. 65℃，0.15 m/s；6. 80℃，0.15 m/s；（热风干燥：风温）
7. 60℃，0.075 MPa；8. 70℃，0.075 MPa；9. 80℃，0.075 MPa；（真空干燥：真空温度）
10. 0.07 MPa，75℃；11. 0.08 MPa，75℃；12. 0.09 MPa，75℃；（真空干燥：真空度）
13. 4 W/g；14. 8 W/g；15. 12 W/g；16. 16 W/g；17. 20 W/g；（微波干燥：单位质量微波功率）

　　分析可知，怀山药感官品质在热风干燥中，随风温和风速增大而略有降低；在真空干燥中，随加热温度升高而降低，随着真空度增大而升高，总体变化并不显著；在微波干燥中，随单位质量微波功率增大显著上升，但个别组织结构发生焦化断裂现象；比较 3 种干燥方法可得出怀山药感官品质优劣为真空干燥>热风干燥>微波干燥。

2. 对复水率的影响

按 3.2.2 方法计算怀山药干制品复水率，如图 3-12 所示。

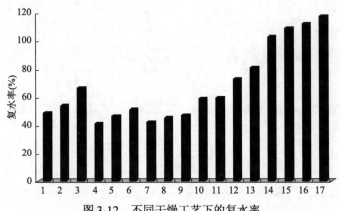

图 3-12　不同干燥工艺下的复水率

1. 0.2 m/s，60℃；2. 0.4 m/s，60℃；3. 0.6 m/s，60℃；（热风干燥：风速）
4. 50℃，0.15 m/s；5. 65℃，0.15 m/s；6. 80℃，0.15 m/s；（热风干燥：风温）
7. 60℃，0.075 MPa；8. 70℃，0.075 MPa；9. 80℃，0.075 MPa；（真空干燥：真空温度）
10. 0.07 MPa，75℃；11. 0.08 MPa，75℃；12. 0.09 MPa，75℃；（真空干燥：真空度）
13. 4 W/g；14. 8 W/g；15. 12 W/g；16. 16 W/g；17. 20 W/g（微波干燥：单位质量微波功率）

分析可知，怀山药复水率在热风干燥中，随风速和风温的增大均呈上升趋势；在真空干燥中，随加热温度和真空度的上升也逐渐升高；在微波干燥中，随单位质量微波功率的增大而升高，复水效果显著。当单位质量微波功率为 20 W/g 时，复水率达 100%以上；比较 3 种干燥方法可知，微波干燥怀山药复水率最高，热风干燥与真空干燥差别不大。

3. 对多糖得率的影响

按 3.2.2 方法计算怀山药多糖得率，结果如图 3-13 所示。

分析图 3-13 可以看出，怀山药多糖得率在热风干燥中，随风速增大而降低，随风温升高而增加；在真空干燥中，随加热温度和真空度的增大而略有增加；在微波干燥中，随单位质量微波功率增大而增加，得率较热风干燥、真空干燥有显著提高。比较可知，怀山药多糖得率高低为微波干燥>真空干燥>热风干燥；其中真空干燥和热风干燥相差不是很明显。

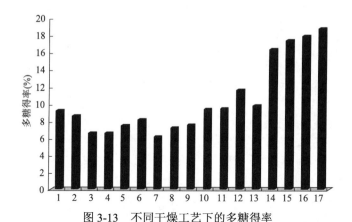

图 3-13　不同干燥工艺下的多糖得率

1. 0.2 m/s，60℃；2. 0.4 m/s，60℃；3. 0.6 m/s，60℃；（热风干燥：风速）
4. 50℃，0.15 m/s；5. 65℃，0.15 m/s；6. 80℃，0.15 m/s；（热风干燥：风温）
7. 60℃，0.075 MPa；8. 70℃，0.075 MPa；9. 80℃，0.075 MPa；（真空干燥：真空温度）
10. 0.07 MPa，75℃；11. 0.08 MPa，75℃；12. 0.09 MPa，75℃；（真空干燥：真空度）
13. 4 W/g；14. 8 W/g；15. 12 W/g；16. 16 W/g；17. 20 W/g（微波干燥：单位质量微波功率）

3.2.4　小结

（1）干燥动力学研究表明，同一干燥方法的不同干燥条件下，各水平的变化趋势是十分明显的，都能达到不同程度的干燥效果，都能很好地表明怀山药薄层干燥的特性；不同干燥方法中，不同的干燥方法干燥速率明显不同，其所用时间长短关系为真空干燥>热风干燥>微波干燥。所以可以得出，微波干燥怀山药片的干燥速率是最快的。

（2）感官品质研究表明，通过对不同干燥方法的不同干燥条件下干燥怀山药片进行感官评定，其在同一干燥方法下的品质有明显变化；不同干燥方法的品质比较得出，其干燥品质得分大小为真空干燥>热风干燥>微波干燥。所以可以得出，真空干燥怀山药片的品质是最好的。

（3）复水率研究表明，通过对不同干燥方法的不同干燥条件下干燥怀山药片进行复水率测定，同一干燥方法不同干燥条件下的复水率均有明显变化；不同干燥方法的复水率比较得出，其复水率大小为微波干燥>热风干燥>真空干燥，其中热风干燥与真空干燥相差不大。所以可以得出，微波干燥怀山药片的复水率是最大的。

（4）多糖得率表明，通过对不同干燥方法的不同干燥条件下干燥怀山药片进行多糖得率的测定，在同一干燥方法不同干燥条件下的品质有明显变化；不同干燥方法的品质比较得出，其干燥多糖得率大小为微波干燥>真空干燥>热风干燥。可以得出，微波干燥怀山药片的多糖得率是最高的。

3.3 怀山药热风干燥、微波干燥和真空干燥模型的
建立与评价

3.3.1 引言

干燥是加工过程的重要环节，已广泛应用于食品、化工、医药及农副产品加工等行业。随着干燥技术的不断发展，使用数学模型来表述或描述干燥过程已成为干燥研究领域的重要内容，利用干燥模型对干燥进程、干燥效果进行预测也已成为指导试验及生产的重要手段，对干燥理论的发展及应用具有十分重要的现实意义。

本节以新鲜怀山药为原材料，分别采用热风干燥、微波干燥和真空干燥试验方法，建立不同干燥条件下的薄层干燥模型，并对其进行评价。旨在为怀山药的加工、保鲜提供技术支持，以期解决怀山药的储藏及品质问题。

3.3.2 试验材料与方法

1. 试验材料

新鲜怀山药：从河南温县当地市场购得。选择个体完整、粗细均匀、表皮无霉、无病虫害、无机械损伤、肉质洁白的光皮长柱形怀山药。

护色液：按质量分数为 0.020% L-半胱氨酸、1.4%柠檬酸、0.016%维生素 C 及 2.50% NaCl 配制成水溶液。

2. 试验仪器及设备

试验仪器及设备同本章 3.2.2。

3. 试验方法

1）护色处理
护色处理同本章 3.2.2。
2）干燥处理
干燥处理同本章 3.2.2。
3）干燥模型的建立
水分比（*MR*）用于表示一定干燥条件下物料还有多少水分未被除去，可以用来反映物料干燥速率的快慢。可由公式（3-7）进行计算：

$$MR = \frac{G_t - G_g}{G_o - G_g} \qquad\qquad (3\text{-}7)$$

式中，G_t 为干燥 t 时刻怀山药的质量（g）；G_g 为怀山药干重（g）；G_o 为怀山药干燥初始时刻质量（g）。

　　干燥是一个复杂的传热传质过程，中外许多学者通过多种农产品的实验研究，总结出了 3 种经验、半经验数学模型来描述其干燥过程。本试验选用此 3 种基础干燥模型作为怀山药的干燥模型，参见表 3-2，表中各表达式系数与干燥条件有关。

表 3-2　干燥曲线数学模型

模型名称	方程表达式	线性表达式
单项扩散模型	$MR = A\exp(-kt)$	$\ln(MR) = \ln A - kt$
指数模型	$MR = \exp(-kt)$	$\ln(MR) = -kt$
Page 方程	$MR = \exp(\pm kt^N)$	$\ln[-\ln(MR)] = \ln k + N\ln t$

注：exp 为 e 函数；k 为干燥速率常数；t 为时间，单位为 min；N 为幂指数；A 为干燥速率系数

　　将怀山药不同干燥处理的试验数据绘制于 $\ln(MR)\text{-}t$ 和 $\ln[-\ln(MR)]\text{-}\ln t$ 坐标图上，比较分析各试验条件下的 $\ln(MR)\text{-}t$、$\ln[-\ln(MR)]\text{-}\ln t$ 的曲线关系。

3.3.3　结果与分析

1. 干燥模型的选择

　　按 "3.2.2.3 试验方法" 进行怀山药干燥处理试验及干燥曲线的绘制，不同风速、不同干燥温度、不同单位质量微波功率、不同真空加热温度和不同真空度下的 $\ln(MR)\text{-}t$、$\ln[-\ln(MR)]\text{-}\ln t$ 曲线关系如图 3-14～图 3-23 所示。

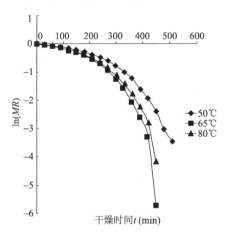

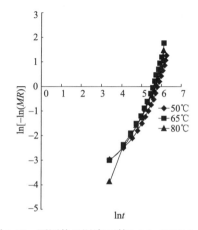

图 3-14　不同热风温度下的 $\ln(MR)\text{-}t$ 图　　图 3-15　不同热风温度下的 $\ln[-\ln(MR)]\text{-}\ln t$ 图

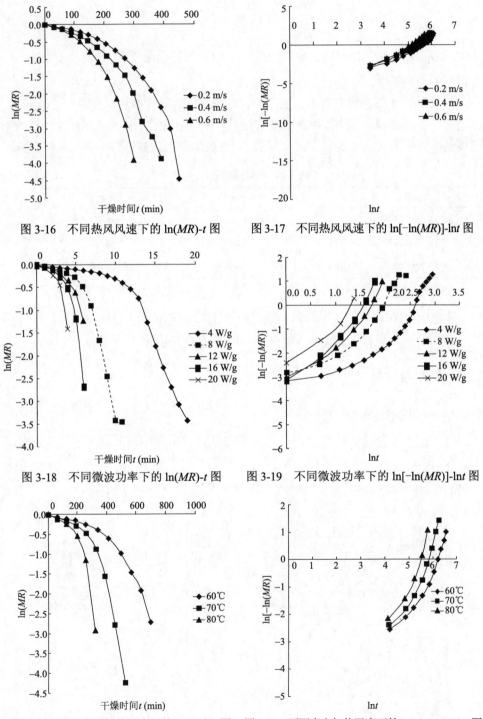

图 3-16　不同热风风速下的 ln(MR)-t 图　　图 3-17　不同热风风速下的 ln[−ln(MR)]-lnt 图

图 3-18　不同微波功率下的 ln(MR)-t 图　　图 3-19　不同微波功率下的 ln[−ln(MR)]-lnt 图

图 3-20　不同真空加热温度下的 ln(MR)-t 图　　图 3-21　不同真空加热温度下的 ln[−ln(MR)]-lnt 图

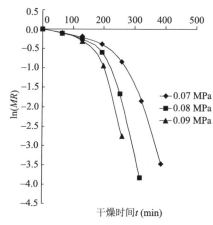

图 3-22 不同真空度下的 ln(MR)-t 图   图 3-23 不同真空度下的 ln[−ln(MR)]-ln t 图

分别对图 3-14～图 3-23 的 ln(MR)-t 和 ln[−ln(MR)]-ln t 曲线进行相关系数 R 的计算，3 种干燥方法下的 R 的范围见表 3-3。

表 3-3 相关系数 R 的比较分析

R	热风干燥	微波干燥	真空干燥
$R_{\ln(MR)\text{-}t}$	0.85～0.94	0.85～0.91	0.86～0.92
$R_{\ln[-\ln(MR)]\text{-}\ln t}$	0.96～0.99	0.91～0.97	0.96～0.97

由表 3-3 可以看出，$R_{\ln(MR)\text{-}t} < R_{\ln[-\ln(MR)]\text{-}\ln t}$，说明 ln[−ln(MR)]-ln t 曲线的线性关系比 ln(MR)-t 更为明显，特别是热风干燥和真空干燥线性关系更加显著。由此可以推断，单项扩散模型和指数模型均不适合作为本试验条件下的目标模型，Page 模型则更适合用来描述怀山药的干燥特性。

2. 干燥模型的评价

为进一步探明 Page 模型对怀山药薄层干燥的实用性，试验确定了不同干燥方法不同干燥条件下的模型系数，并对其进行方差分析，分析结果见表 3-4～表 3-6。

表 3-4 怀山药热风干燥模型的待定系数和评价指标

参数和评价指标	60℃			0.15 m/s		
	0.2 m/s	0.4 m/s	0.6 m/s	50℃	65℃	80℃
K	$e^{-9.05}$	$e^{-8.5636}$	$e^{-9.0918}$	$e^{-9.0579}$	$e^{-9.5248}$	$e^{-10.223}$
N	1.6342	1.6136	1.7873	1.5753	1.7352	1.8311
F	213.72**	217.02**	520.26**	164.31**	132.69**	243.61**

**表示差异极显著

表 3-5　怀山药微波干燥模型的待定系数和评价指标

参数和评价指标	480 W				
	4 W/g	8 W/g	12 W/g	16 W/g	20 W/g
K	$e^{-4.4264}$	$e^{-3.6631}$	$e^{-3.4463}$	$e^{-3.4779}$	$e^{-2.5715}$
N	1.669	1.9051	1.9814	2.2376	1.8678
F	83.48**	75.42**	66.9**	78.73**	31.37*

*表示差异显著；**表示差异极显著

表 3-6　怀山药真空干燥模型的待定系数和评价指标

参数和评价指标	75℃			0.075 MPa		
	0.07 MPa	0.08 MPa	0.09 MPa	60℃	70℃	80℃
K	$e^{-10.912}$	$e^{-11.944}$	$e^{-10.912}$	$e^{-9.5524}$	$e^{-10.852}$	$e^{-10.39}$
N	1.9725	2.2406	2.2597	1.5429	1.8908	1.9088
F	62.39**	50.65**	42.23*	109.31**	79.77**	36.44**

*表示差异显著；**表示差异极显著

　　由表 3-4～表 3-6 分别得到各干燥条件下的 Page 模型参数 K 和 N 值，进一步对各干燥条件下的模型进行方差分析，得出各干燥条件下的 F 值，并进行显著性检验，各条件下的差异都能达到显著水平，所以说明 Page 模型可以很好地表达怀山药的干燥规律。

3.3.4　小结

　　在不同干燥条件下，对 3 种经验薄层干燥模型的 $\ln[-\ln(MR)]$-$\ln t$ 曲线和 $\ln(MR)$-t 曲线的相关系数 R 进行分析可知，干燥模型的 $\ln[-\ln(MR)]$-$\ln t$ 曲线比 $\ln(MR)$-t 曲线更接近线性，说明了 Page 薄层干燥模型比单项扩散模型和指数模型更适合表达怀山药的干燥规律。同时，试验确定出不同干燥条件下的 Page 薄层干燥模型系数，并对其进行了显著性检验，得出 Page 模型中各干燥条件之间的差异都能达到显著水平，为模型的进一步优化和拟合奠定了基础。

3.4　怀山药喷雾干燥技术

3.4.1　引言

　　喷雾干燥技术始于 19 世纪初期，距今已有 100 多年的历史，它是一种利用雾化器将料液分散成小雾滴，然后利用高热空气与雾滴直接接触而获得粉粒状产品的干燥方式。喷雾干燥具有干燥快、耗时短、承受高温时间短、易于连续化生产等优点，且能保持原料原有的色泽、风味，干燥后粉的分散性、流动性和溶解性都较好，含水量低，利于储存，在现代食品干燥中表现出很强的适应性和优越性。但喷雾干燥技术在果蔬粉加工中也存在以下一些问题。

1. 黏壁问题

喷雾干燥工程中，待干燥物料黏在干燥塔和旋风分离器内壁上的现象称为黏壁，物料长时间停留在内壁上，由于有黏性，干粉会附着在黏物料上，使喷雾干燥出粉率大大降低，影响产品质量。总体来说物料黏壁可划分为 3 种类型：①半湿物料黏壁，是指喷嘴喷出的小液滴在表面未干燥前就和喷雾干燥塔壁接触而黏于壁上；②干粉表面黏附，干粉表面黏附是由于喷雾干粉颗粒粒径细小，在喷雾干燥塔有限空间内运动，很容易碰到塔壁而黏壁，这主要与塔壁的几何形状、粗糙程度、空气流速、静电力等有关；③低熔点物料的热熔性黏壁，它主要是由于干燥物料的玻璃化温度低于干燥温度而造成黏壁。果蔬浆料的黏性程度对喷雾干燥效果也有很大影响，黏性原料喷雾难度大。果蔬浆中含有大量的小分子糖而黏性较大，且玻璃化转变温度很低，主要为葡萄糖（玻璃化转变温度 T_g 为 31℃）和果糖（玻璃化转变温度 T_g 为 5℃），使其在很低的温度下就能进行玻璃化转变，喷雾干燥困难，容易产生低熔点物料黏壁。且在喷雾干燥过程中，果蔬粉很容易吸湿结块。针对这些问题，研究者一般通过加入催化酶或玻璃化转变温度较高的麦芽糊精、β-环糊精、卡拉胶等提高玻璃化转变温度和调节果浆黏度，大大提高了喷雾干燥果蔬粉的出粉率，也改善了黏壁和吸湿结块现象。除此之外，热风温度、热风流量、进料流量等对果蔬粉含水量、流动性、溶解性的影响很大。

2. 护色问题

多酚氧化酶（PPO）是果蔬中广泛存在的一种酶，当果肉暴露在空气中时，多酚类物质就会在多酚氧化酶的作用下氧化褐变，使产品颜色变深。因此怎样抑制多酚氧化酶活性是备受国内外学者关注的问题，一般情况下采用降低氧含量及添加化学抑制剂（亚硫酸盐类、含硫化合物、抗坏血酸）的方法。近年来由于亚硫酸盐安全性不被人们认可，维生素 C 和柠檬酸就成为亚硫酸盐护色替代品。另外，果实中大多数酶在 60～70℃下便失去活性，因此，热烫处理也能起到很好的护色效果。PPO 来源不同，理化性质也会存在差异，因此，加工过程中应根据果蔬来源和加工要求，选择合理的护色方法。

3. 喷雾干燥过程中玻璃化温度的转变与控制

在正常的喷雾干燥过程中，物料会发生从液态向橡胶态、再到玻璃态的转变，即玻璃化转变，此时的温度称为玻璃化转变温度（T_g），干燥后最终产品处于玻璃态是一种最为稳定的物理状态，但在不正常的喷雾干燥过程中，产品会从玻璃态返回至橡胶态，直至熔融。干燥后期，物料温度会从气体的湿球温度开始升高，当升高至某一温度，且高于 T_g 时，产品就进入橡胶态；当物料温度进一步升高时，物料会熔融，给后续的喷雾干燥造成困难，影响喷雾干燥过程和制品品质。而影响 T_g 的因素有很多，如含水量、产品相对分子质量、分子链结构形态等。实践过程中，调节工艺参数能很好地控制喷雾干燥产品的残余含水量。因此，为获得高品质的果蔬粉，可从以下几个方面结合果蔬浆原料性质来调整工艺参数：①提高料液的固形物含量，相应地降低含水量、提高 T_g，从而使物料在喷雾干燥过程中能很快形成玻璃体；②提高料液的进料温度，从而提高蒸发速度，使雾滴水分快速降低；③加入赋形剂，由于果蔬浆的 T_g 较低，而干燥过程中干燥温度远高于果蔬浆 T_g，因此通过向料液中加入一些赋形剂来提高混合液的 T_g，从而在不改变干燥温度条件下雾滴容易转变为玻璃态而使干燥顺利进行。

怀山药是营养丰富的"药食同源"植物，但由于其收获季节集中，新鲜原料含水量高、体积大、易折断，常温下不耐储存，易褐变腐烂，保存和运输都很困难，直接影响其食用性；且在怀山药加工过程中，怀山药皮常作为一种废弃物被舍弃，造成了大量的原料浪费，对怀山药皮进行开发利用，对提高原料利用率、增加食品营养具有重要的意义。为延长怀山药储藏期、节约其运输成本、扩大怀山药的使用价值及提高怀山药的综合利用价值，把怀山药制成粉，食用方便，且便于储藏，目前怀山药粉加工多以喷雾干燥和干燥后磨粉的加工方式为主。喷雾干燥法具有水分蒸发迅速、干燥时间短、质量优等优点，是蔬菜粉脱水应用最为广泛的方法之一；但怀山药中含有较多的淀粉，且黏度较大，怀山药若不经酶解直接进行喷雾干燥会大量黏在喷雾干燥器中，大大降低了怀山药的出粉率，α-淀粉酶是一种液化酶，能使淀粉迅速液化而生成低分子，且酶解作用后可使糊化淀粉的黏度迅速降低，酶法水解具有水解速率快、安全环保等特点，已被广泛应用于食品和药品的加工中，且酶解辅助喷雾干燥制得的怀山药粉溶解性好、色泽风味佳、食用方便。近年来，热风干燥广泛用于食品干燥，其技术研究正朝着短时、低耗、减排、优质的趋势发展。干燥物料营养物质的衰退程度取决于其脱水速度的快慢，即达到安全含水率时所需要的时间，大量研究表明，热风干燥温度、物料切片厚度和热风风速对干燥速率有显著影响，也有相关研究表明，干燥速率随干燥介质湿度的降低而增大，干燥时间随相对湿度的降低而缩短。相对湿度（relative humidity，RH）控制能使物料升温速度加快，促进物料内部水分子的迁移运动，因此，先对物料采用较高湿度处理，再降低干燥介质湿度，使物料中心到表面的温湿度梯度一致，能增大干燥速率，并减少物料表面结壳现象，从而缩短干燥时间。干制品复水性是衡量其干燥品质的一项重要指标，常用干制品吸水增重的程度来衡量，受原料加工处理和干燥方法的影响。此外，干燥能耗也是反映干燥特性的一个重要指标，因此对物料干燥工艺的选择、改进和新干燥技术的需求日趋迫切。

　　本节采用 5 种干燥方式（热风干燥、微波辅助真空冷冻干燥、真空冷冻干燥、喷雾干燥、喷雾冷冻干燥）对怀山药干燥制粉，对比 5 种干燥方式下怀山药全粉物理和营养指标的变化情况，通过综合比较得出各种方式下各怀山药全粉的变化情况和变化程度，并得到最佳的干燥方式。在解决怀山药储藏性问题的同时实现对怀山药的综合应用，从而为怀山药的精深加工及新产品开发提供一定的技术支持。一方面改善怀山药原有制粉工艺条件；另一方面探讨新的制粉加工工艺，解决其工艺参数，最大程度为怀山药全粉制品的工业化生产提供理论支持。

3.4.2　怀山药全粉的制备

　　本试验以怀山药为原料，采用热风干燥、真空冷冻干燥、微波辅助真空冷冻干燥、喷雾干燥和喷雾冷冻干燥 5 种干燥方式制备怀山药全粉，考虑到现有怀山药的干燥研究现状，本试验主要对喷雾干燥和较高湿度控制下的热风干燥进行了参数优化，其他 3 种干燥方式通过参考相关文献和预试验来确定干燥参数。

　　酶解辅助喷雾干燥怀山药全粉的制备：试验在建立怀山药酶解提取工艺的基础上，运用响应面法优化怀山药酶解液喷雾干燥工艺，研究工艺条件对怀山药出粉率的影响，确定进料质量分数、热风温度、热风流量和进料流量等关键参数，并对参数间交互作用对指标的影响做了详细介绍。

　　热风干燥怀山药全粉的制备：在较高相对湿度环境下，对怀山药切片进行高湿处理后，研究其相对湿度控制对热风干燥特性的影响；并对不同干燥条件下产品的复水特性进行测定，获得相对湿度控制对怀山药片热风干燥特性和复水特性的影响规律，并选定正交试验的影响因素和参数范围，以干燥能耗为指标，获取最优参数组合，为怀山药全粉的制备提供理论依据和技术支撑。

3.4.3　试验材料

1. 材料与试剂

怀山药（初始含水率 73.56%）（河南省洛阳市丹尼斯百货超市）

柠檬酸（食品级）（成都市科龙化工试剂）

维生素 C（食品级）（亿诺化工有限公司）

葡萄糖、苯酚（均为分析纯）（淄博万丰化工销售有限公司）

浓硫酸（分析纯）（洛阳昊华化学试剂有限公司）

3,5-二硝基水杨酸（化学纯）（上海润捷化学试剂有限公司）

α-淀粉酶（3700 U/g）（北京奥博星生物技术有限责任公司）

2. 仪器与设备

试验中所用仪器与设备见表 3-7。

表 3-7　主要仪器与设备

仪器名称	型号	生产厂家
电热恒温水浴锅	DZKW-S	北京市永光明医疗仪器有限公司
电子天平	JA-B/N	上海佑科仪器仪表有限公司
真空干燥箱	DZF-6050	上海精宏实验设备有限公司
电热鼓风干燥箱	101 型	北京科伟永兴仪器有限公司
热泵干燥机	GHRH-20	广东省农业机械研究所干燥设备制造厂
实验型喷雾干燥机	YC-015	上海雅程仪器设备有限公司
打浆机	MJ-BL25B2	美的电器有限公司
色差仪	X-rite Color I5	美国爱色丽仪器有限公司
手持折光仪	WYT-Ⅰ（精确度 0.1% 及 0.5%）	成都豪创光电仪器有限公司
旋转蒸发器	RE-52	上海亚荣生化仪器厂
高速分散均质机	FJ200	上海标本模型厂
离心沉淀机	80-2	江苏金坛市中大仪器厂
切片机	SHQ-1	德州市天马粮油机械有限公司
恒温恒湿箱	HSP-150B	常州赛普实验仪器厂
紫外-可见分光光度计	UV754N	上海佑科仪器仪表有限公司
冰箱	SCD-565WT/B	海信北京电器

3.4.4　试验方法

3.4.4.1　怀山药粉制备的工艺流程和操作要点

1. 喷雾干燥

工艺流程：新鲜怀山药清洗后沸水浴 30 min→冷却至室温→沥干→护色、打浆（料液比 1∶2）→过胶体磨→酶解、使酶灭活→加入总固形物含量 50% 的麦芽糊精→30 MPa 压力条件下均质 10 min→浓缩（0.1 MPa，55℃）→喷雾干燥→成品。

操作要点：在 2.0 g/100 g 柠檬酸和 0.1 g/100 g 维生素 C 的复合护色剂中护色 30 min。对怀山药原料沸水处理 30 min，使淀粉基本完全糊化，既方便酶解又突出香气。

2. 相对湿度控制下的热风干燥

工艺流程：怀山药原料→清洗切片→恒温（温度 60℃）恒湿控制→热风干燥处理→干制品→粉碎包装备用。

操作要点：将洁净怀山药切成厚度均匀的片状，放入已设定温湿度的恒温恒湿箱中进行高湿处理，再进行热风干燥处理。干燥过程中，定时快速取出称重，记录试样随干燥时间的质量变化，直至干基含水率达到安全含水率 0.12 g/g 时，干燥结束，做 3 次重复试验，取平均值，换算成干基含水率。

3.4.4.2 怀山药酶解辅助喷雾干燥制粉试验设计

1. 怀山药酶解提取工艺优化试验

采用 α-淀粉酶进行酶解，以怀山药可溶物（TSS）得率为指标，选取对指标影响显著的酶解温度（A）、加酶量（B）、pH（C）和酶解时间（D）为试验因素，采用 $L_9(3^4)$ 正交试验方法进行工艺优化，各处理结束后，沸水浴 5～10 min 使酶灭活，具体试验因素、水平见表 3-8。

表 3-8 怀山药酶解提取工艺优化正交试验因素及水平表

试验号	A 温度（℃）	B 加酶量（%）	C pH	D 时间（min）	TSS 得率（%）
1	1（60）	1（0.1）	1（6.6）	1（45）	
2	1	2（0.15）	2（7.0）	2（60）	
3	1	3（0.2）	3（7.4）	3（75）	
4	2（65）	1	2	3	
5	2	2	3	1	
6	2	3	1	2	
7	3（70）	1	3	2	
8	3	2	1	3	
9	3	3	2	1	

2. 怀山药酶解液喷雾干燥单因素试验

1）进料质量分数对怀山药出粉率的影响

固定热风温度 180℃、热风流量 27.60 m³/h、进料流量 1030 ml/h，分别考查提取液质量分数 11%、14%、17%、20%、23%对怀山药出粉率的影响。

2）热风温度对怀山药出粉率的影响

固定进料质量分数 17%、热风流量 27.60 m³/h、进料流量 1030 ml/h，分别考查热风温度 140℃、150℃、160℃、170℃、180℃、190℃对怀山药出粉率的影响。

3）热风流量对怀山药出粉率的影响

固定进料质量分数 17%、热风温度 180℃、进料流量 1030 ml/h，分别考查热风流量 24.00 m³/h、25.80 m³/h、27.60 m³/h、29.40 m³/h、31.20 m³/h 对怀山药出粉率的影响。

4）进料流量对怀山药出粉率的影响

固定进料质量分数 17%、热风温度 180℃、热风流量 27.60 m³/h，分别考查进料流量 980 ml/h、1030 ml/h、1080 ml/h、1130 ml/h、1180 ml/h 对怀山药出粉率的影响。

3. 怀山药粉喷雾干燥工艺响应面优化试验

根据中心组合试验设计原理，综合单因素试验结果，以怀山药出粉率为响应值，选取热风温度、热风流量和进料流量为影响因素，进行三因素三水平的响应面分析试验，优化怀山药粉喷雾干燥工艺条件，试验因素及水平设计见表 3-9。

表 3-9　中心组合设计因素及水平表

水平	因素		
	A 热风温度（℃）	B 热风流量（m³/h）	C 进料流量（ml/h）
1.682	160	25.80	1030
−1	164.05	26.53	1050
0	170	27.60	1080
1	175.95	28.67	1110
1.682	180	29.40	1130
Δj	5.95	1.07	30

3.4.4.3　怀山药片热风干燥试验设计

1. 怀山药片热风干燥特性影响的单因素试验

1）相对湿度控制对怀山药片热风干燥特性和复水特性的影响

固定切片厚度 4 mm、恒温恒湿时间 30 min、热风温度 60℃、热风风速 3.5 m/s，分别考查直接热风干燥（10% RH）、30% RH、40% RH、50% RH、60% RH 对怀山药片干燥特性及复水特性的影响规律。

2）恒温恒湿时间对怀山药片热风干燥特性和复水特性的影响

固定切片厚度 4 mm、控制 50% RH、热风温度 60℃、热风风速 3.5 m/s，分别考查恒温恒湿时间 0 min、30 min、60 min、90 min、120 min 对怀山药片干燥特性及复水特性的影响规律。

3）热风温度对怀山药片热风干燥特性和复水特性的影响

固定切片厚度 4 mm、控制 50% RH 30 min、热风风速 3.5 m/s，分别考查热风温度 40℃、50℃、60℃、70℃、80℃对怀山药片干燥特性及复水特性的影响规律。

4）切片厚度对怀山药片热风干燥特性和复水特性的影响

固定热风温度 60℃、控制 50% RH 30 min、热风风速 3.5 m/s，分别考查切片厚度 2 mm、3 mm、4 mm、5 mm、6 mm 对怀山药片干燥特性及复水特性的影响规律。

5）热风风速对怀山药片热风干燥特性和复水特性的影响

固定切片厚度 4 mm、控制 50% RH 30 min、热风温度 60℃，分别考查热风风速 1.5 m/s、2.0 m/s、2.5 m/s、3.0 m/s、3.5 m/s 对怀山药片干燥特性及复水特性的影响规律。

3.4.4.4　试验指标的测定

1. 总固形物质量分数的测定

精确称取一定量的怀山药酶解液，105℃烘干至恒质量。

$$总固形物质量分数(\%) = \frac{m_2}{m_1} \times 100 \qquad (3\text{-}8)$$

式中，m_1 为怀山药酶解液的质量；m_2 为怀山药酶解液中干物质的质量。

2. 怀山药含水率的测定

新鲜怀山药初始含水率及怀山药粉含水率的测定参考《食品中水分的测定》（GB 5009.3—2010）减压干燥法。

3. 怀山药出粉率的测定

$$出粉率(\%) = \frac{M}{w \times v} \times 100 \qquad (3\text{-}9)$$

式中，M 为喷雾干燥后怀山药粉的干基质量（g）；w 为喷雾干燥前怀山药酶解浓缩液中固形物质量分数（g/g）；v 为喷雾干燥的进料量（g）。

4. 冲调性的测定

称 5.0 g 怀山药粉，采用 80℃的水配制质量分数为 5%的怀山药粉悬浮液，用玻璃棒搅拌，同时记录从加水开始到完全分散所需时间，以此作为样品分散时间；之后将液体搅拌均匀，静置的同时计时，待液体完全分层后停止计时，以此作为样品分散稳定时间。冲调过程中观察有无团块，杯底有无沉淀，体系是否均一稳定。每项测定均重复 3 次，取其平均值。

5. 怀山药粉基本成分含量及色差的测定

多糖含量：用酶解醇沉法提取怀山药多糖，苯酚-硫酸比色法测定。还原糖含量：3,5-二硝基水杨酸比色法。L 值：利用 X-rite I5 色差仪测定样品的 L 值（以市售怀山药粉为标准样品），平行测 3 次，取平均值。

6. 干基含水率的测定

$$M = \frac{W_t - G}{G} \qquad (3\text{-}10)$$

式中，M 为干基含水率（%）；W_t 为干燥 t 时刻的总质量（g）；G 为怀山药干物质量（g）。

7. 怀山药干制品复水性能的测定

精确称取适量怀山药片干制品，放入盛有 60℃ 100 ml 蒸馏水的三角锥形瓶中，于 60℃恒温水浴锅中保温处理。每隔 30 min 将物料快速取出、沥干表面水分进行称重，按下式计算复水率。

$$R_f = \frac{m_f}{m_g} \qquad (3\text{-}11)$$

式中，R_f 为复水率；m_f 为干制品复水后沥干的质量（g）；m_g 为热风干燥怀山药片质量（g）。

8. 干燥能耗

干燥能耗以每干燥一个单位质量水分的耗能计算（kJ/kg H_2O），干燥过程的总脱水量和干燥能耗分别按下式计算。

$$m_1 = m \times \frac{C_1 - C_2}{1 - C_1} \qquad (3\text{-}12)$$

式中，m_1 为脱水质量（kg）；m 为干品质量（kg）；C_1 为初始水分含量（%）；C_2 为最终水分含量（%）。

$$N = \frac{3600 \times P \times t}{m_1} \tag{3-13}$$

式中，N 为干燥能耗（kJ/kg H_2O）；P 为功率（kW）；t 为时间（h）；m_1 为脱水质量（kg）。

3.4.4.5　数据处理方法

采用 Origin 8.5 和 DPS（ver.8.05）数据处理软件对试验数据进行处理和方差分析，响应面试验结果采用 Design-Expert 8.05 进行二次多项式回归分析。

3.4.5　结果与分析

3.4.5.1　怀山药酶解辅助喷雾干燥制粉试验结果分析

1. 怀山药酶解工艺优化结果分析

怀山药酶解提取工艺优化试验结果见表 3-10、表 3-11。

表 3-10　怀山药酶解提取工艺优化正交试验结果

试验号	A 温度（℃）	B 加酶量（%）	C pH	D 时间（min）	TSS 得率（%）		
1	1（60）	1（0.1）	1（6.6）	1（45）	69.90	70.05	71.46
2	1	2（0.15）	2（7.0）	2（60）	77.89	78.43	78.19
3	1	3（0.2）	3（7.4）	3（75）	76.16	77.98	78.53
4	2（65）	1	2	3	69.54	68.26	70.22
5	2	2	3	1	80.31	80.28	81.45
6	2	3	1	2	76.61	75.34	77.56
7	3（70）	1	3	2	70.95	71.26	70.53
8	3	2	1	3	79.35	79.88	78.44
9	3	3	2	1	82.34	83.26	82.68
K1	678.59	632.17	678.59	701.73			
K2	679.57	714.22	690.81	676.76			
K3	698.69	710.46	687.45	678.36			
k1	75.40	70.24	75.40	77.97			
k2	75.51	79.36	76.76	75.20			
k3	77.63	78.94	76.38	75.37			
R	2.23	9.12	1.36	2.77			
较优水平	A_3	B_2	C_2	D_1			
因素主次			$B > D > A > C$				

表 3-11　怀山药酶解提取工艺优化正交试验结果的方差分析

方差来源	平方和	自由度	均方	F	显著性水平
因素 A	28.538 7	2	14.269 35	21.731 69	α=0.01
因素 B	476.876 5	2	238.438 2	363.132 6	α=0.01
因素 C	8.856 207	2	4.428 104	6.743 838	α=0.01
因素 D	43.415 47	2	21.707 74	33.060 08	α=0.01
误差 e	11.819 07	18	0.656 615		
总和 T	569.505 07				

由表 3-10、表 3-11 可知，各因素对指标影响显著，且影响顺序为 $B>D>A>C$，$A_3B_3C_2D_1$ 组合可溶物溶出率最高，但由正交试验得出的较优水平为 $A_3B_2C_2D_1$，因此需做 $A_3B_2C_2D_1$ 和 $A_3B_3C_2D_1$ 的进一步验证。每个平行做 3 次，取平均值，结果 $A_3B_3C_2D_1$ 为 82.79%，$A_3B_2C_2D_1$ 为 82.47%，则选择 $A_3B_3C_2D_1$，即温度 70℃、加酶量 0.2%、pH 7.0、酶解时间 45 min。

2. 喷雾干燥单因素试验结果

如图 3-24 所示，进料质量分数对怀山药出粉率的影响很大，呈现先增大后减小的趋势，质量分数为 17% 时，出粉率最高；质量分数过低时，酶解液含水量相对较多，干燥过程中物料需要的蒸发热就大，容易呈现半湿状态黏在干燥室内壁使出粉率降低；质量分数过高，怀山药黏性大，流动性差，易黏壁。因此选取怀山药酶解液质量分数为 17%。

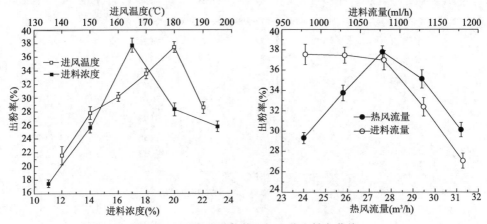

图 3-24　不同喷雾条件下怀山药出粉率曲线

怀山药出粉率受温度影响也十分明显，在 140～180℃，怀山药出粉率随温度的升高而逐渐增大，温度继续升高，由于怀山药中含有黏性糖蛋白，会产生热熔挂壁现象使得出粉率降低，综合考虑：热风温度应控制在 160～180℃。

随热风流量的增大，怀山药出粉率显著提高，达到 27.60 m³/h 时出粉率最大，风量继续增大,出粉率反而下降,这是因为风量过大,减少了料液在干燥室的停留时间,使物料干燥不完全、呈半湿状态黏在壁上。反之,停留时间相对较长,使干燥物料不能被及时抽走,雾滴黏附于干燥物料表面而黏在壁上,因此控制热风流量在 25.80~29.40 m³/h。

怀山药出粉率随进料流量的升高而接近直线下降,这是因为在固定其他试验条件不变的情况下,进料流量越大,出风温度降低,产品含湿量增加,易黏壁,且传质传热效果差,造成出粉率降低,但当进料流量过小时,干燥速率大大降低,综合考虑,选取进料流量为 1030~1130 ml/h。

3. 喷雾干燥多因素的响应面试验分析

1)响应面试验结果

在单因素试验设计基础上,进料质量分数 17%条件下,选取主要影响怀山药粉喷雾干燥得率的热风温度、热风流量和进料流量为试验因素,以怀山药出粉率为指标(每个试验点都对试验装置内进行清扫,以扫不下来为标准),采用中心组合设计进行三因素三水平响应面分析试验,结果见表 3-12。

表 3-12　喷雾干燥多因素的响应面试验方案及结果

试验号	A 热风温度	B 热风流量	C 进料流量	出粉率(%)
1	−1	−1	−1	26.65
2	1	−1	−1	31.43
3	−1	1	−1	30.59
4	1	1	−1	37.59
5	−1	−1	1	24.77
6	1	−1	1	30.57
7	−1	1	1	28.46
8	1	1	1	32.43
9	−1.682	0	0	28.21
10	1.682	0	0	37.44
11	0	−1.682	0	26.24
12	0	1.682	0	33.45
13	0	0	−1.682	31.56
14	0	0	1.682	27.58
15	0	0	0	33.38
16	0	0	0	34.55
17	0	0	0	32.46
18	0	0	0	34.22
19	0	0	0	34.98
20	0	0	0	33.12

2）怀山药出粉率的响应面方差分析

采用 Design-Expert 8.0 对表 3-12 的试验数据进行二次多项式回归分析,得到出粉率的二次多项式回归方程为 $Y=33.79+2.71A+2.03B-1.22C+0.049AB-0.25AC-0.57BC-0.39A^2-1.45B^2-1.54C^2$。由一次项系数的绝对值可知,该模型对怀山药出粉率影响大小的次序为 $A>B>C$,即热风温度>热风流量>进料流量,对该模型进行方差分析,各项回归系数及其显著性检验结果见表 3-13。

表 3-13 怀山药出粉率的回归模型方差分析

变异来源	自由度	平方和	均方	F	P	显著性
A 热风温度	1	100.64	100.64	144.65	<0.0001	**
B 热风流量	1	56.49	56.49	81.20	<0.0001	**
C 进料流量	1	20.48	20.48	29.44	0.0003	**
AB	1	0.019	0.019	0.027	0.8720	
AC	1	0.51	0.51	0.73	0.4142	
BC	1	2.59	2.59	3.72	0.0826	
A^2	1	2.22	2.22	3.19	0.1044	
B^2	1	30.13	30.13	43.31	<0.0001	**
C^2	1	34.32	34.32	49.33	<0.0001	**
模型	9	239.59	26.62	38.26	<0.0001	**
残差	10	6.96	0.70			
失拟项	5	2.39	0.48	0.52	0.7522	
纯误差	5	4.56	0.91			
总变异	19	246.54				
		R^2=0.9718		调整 R^2_{Adj}=0.9464		

**表示差异极显著（$P<0.01$）

从表 3-13 可以看出,回归模型 $P<0.0001$,回归系数 R^2=0.9718、R^2_{Adj}=0.9464,说明该模型显著,且该模型能解释 94.64%响应面的变化。失拟项 P=0.7522>0.05,失拟不显著,说明该模型与实际数据拟合良好,试验误差小。一次项 A、B、C 的 P 值均小于 0.01,说明热风温度、热风流量和进料流量对出粉率影响都极显著,二次项 B^2、C^2 的 P 值小于 0.01,说明对出粉率影响极显著,而其余项对出粉率影响不显著,进行剔除,得到出粉率随热风温度、进料流量、热风流量变化的标准回归模型为 $Y=33.79+2.71A+2.03B-1.22C-1.45B^2-1.54C^2$。

经 Design-Expert 8.05b 软件分析优化,得到怀山药粉喷雾干燥的最佳条件为:热风温度 180℃、热风流量 28.53 m³/h、料流量 1060 ml/h,固定其中 1 个因素在最佳水平,得到剩余 2 个因素的交互效应图,如图 3-25 所示。

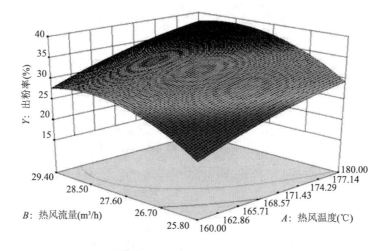

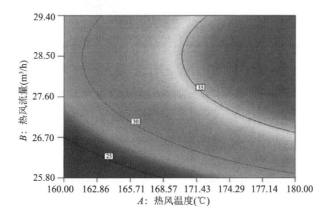

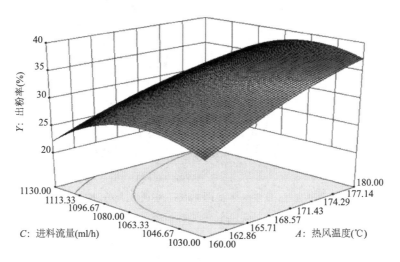

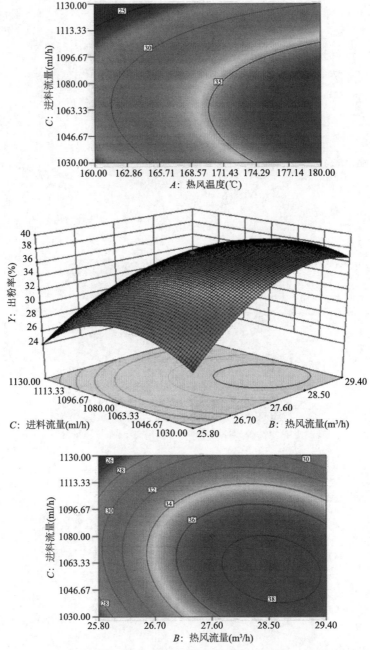

图 3-25　因素间交互作用的响应面图和等高线图（彩图请扫封底二维码）

由图 3-25 可以看出，固定进料流量 1060 ml/h，出粉率随热风流量的增加先增大后减小，随热风温度的升高而明显增加，且存在极值点，因此当控制热风温度 170~180℃、热风流量 26.70~29.40 m³/h 时，出粉率不小于 35%；固定热风温度 180℃，出粉率随进料流量的增加先增大后减小，随热风流量的增大也是先增大后减小，热风流量 28.00～29.20 m³/h、进料流量 1040～1070 ml/h 存在极值点时，出粉率不小于 38%；固定热风流量 28.53 m³/h，出粉率随进料流量的增加也是先增大后减小，随热风温度的升高而增大，在热风温度 170～180℃、进料流量 1030～1100 ml/h 存在极值点，出粉率不小于 35%。

3）怀山药粉喷雾干燥工艺的优化与验证

由优化结果可知，怀山药粉喷雾干燥的最佳条件为：热风温度 180℃、热风流量 28.53 m³/h、进料流量 1060 ml/h，得到怀山药出粉率的理论值为 38.74%；为验证响应面优化的可行性，在此最佳条件下进行怀山药粉喷雾干燥的验证实验，同时，考虑到实验的可操作性，将实验条件改为：热风温度 180℃、热风流量 28.60 m³/h、进料流量 1060 ml/h。采用上述优化条件进行干燥，得到的怀山药出粉率为 37.59%，与理论值相差 2.97%，这说明响应面优化的条件是可行的，在该条件下，喷雾干燥所得怀山药粉主要成分为糖类物质，其中多糖含量为 44.26%，还原糖含量为 34.68%，含水率低达 3.9%，适宜长期密封储存；同时怀山药粉呈细微粉末状，分散性较好，色泽如牛奶的乳白色，具有怀山药特有的甜香味。

3.4.5.2　怀山药相对湿度控制下热风干燥制粉试验结果分析

1. 怀山药片热风干燥特性影响的单因素试验结果

1）相对湿度对怀山药片热风干燥特性和复水特性的影响
不同相对湿度下的干燥曲线和复水曲线如图 3-26 所示。

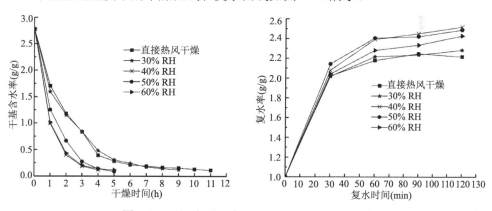

图 3-26　不同相对湿度下的干燥曲线和复水曲线

由图 3-26 可知，相对湿度对减少热风干燥时间影响很大，40%～60% RH 时，干燥时间明显低于直接热风干燥，这可能是因为高湿作为一种热风干燥前的预处理方法，可加速物料内部水分子的迁移运动，使其中心和表面的温湿度趋于接近，然后降低介质湿度，使湿物料中心至表面的温湿度梯度一致，从而加速干燥，减少干燥时间，这与 Kaya 等（2009）的研究结论相符合。相对湿度为 30% 时，干燥时间较长，为 9 h，可能是因为在该试验条件下物料水分尚未分布均匀，导致干燥时间偏长；而 60% RH 与热风干燥箱内湿度差较大，使物料表面快速蒸发导致表面稍微结壳，阻碍水分迁移，但在 40%～60% RH 条件下干燥 4 h 时，干基含水率基本接近 0.12 g/g，即干燥时间总体差别不大。

直接热风干燥的复水性最差，其次是 30% RH，复水率在 40%～60% RH 内随相对湿度的增加而降低，这可能和干燥时间相关，干燥的时间越长，复水性就越差，但总体差异不大。

综上，选择的相对湿度为 40%。

2）恒温恒湿时间对怀山药片热风干燥特性和复水特性的影响

恒温恒湿下不同时间的干燥曲线和复水曲线如图 3-27 所示。

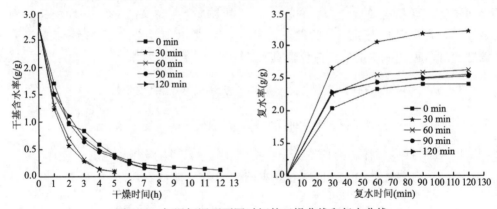

图 3-27　恒温恒湿下不同时间的干燥曲线和复水曲线

由图 3-27 可知，恒温恒湿时间对怀山药片热风干燥有很大的影响，直接热风干燥，怀山药片达到安全含水率的时间约为 12 h。但也并非恒温恒湿时间越长越好，60℃ 50% RH 保持 30 min 和 60 min 时，干燥时间均为 5 h，这可能是因为恒温恒湿保持 30 min 后，物料已充分预热，内部水分梯度和温度梯度相一致，当降低湿度后干燥速率增加，当 60℃ 50% RH 保持 90 min 和 120 min 后降低湿度，干燥速率也很大，但保持时间越长，总干燥时间越长。因此在干燥前期，物料被预热到湿球温度且稳定后，降低干燥介质的相对湿度有利于缩短干燥时间，提高干燥效率。

恒温恒湿时间在 30～120 min 时，复水性随时间的增加而不再持续上升，直接热风干燥的复水性最差，这和前面的结果相同，可能还是因为和干燥时间相关，直接热风干燥的干燥时间最长，复水性最差，而 60℃ 50% RH 控制 30 min 的干燥时间最短，复水性最好，60～120 min 的复水性较为接近。

综上，选择恒温恒湿处理时间为 30 min。

3）热风温度对怀山药片热风干燥特性和复水特性的影响

不同热风温度下的干燥曲线和复水曲线如图 3-28 所示。

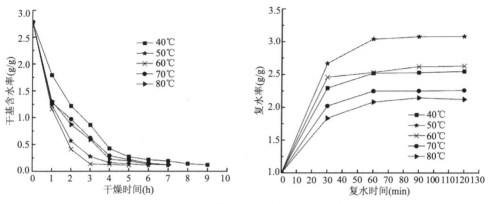

图 3-28　不同热风温度下的干燥曲线和复水曲线

由图 3-28 可知，热风 60℃时，干燥时间最短，为 5 h，这可能是因为，厚度一致，温度越高，物料水分蒸发速度越快，表面易硬化，从而阻碍水分的散发，而温度太低，水分蒸发速度减慢，干燥时间长。

总体上，复水性随热风温度的升高而降低，这可能是因为随热风温度升高，淀粉类物料在较高温度下发生变化，而使亲水性下降，而热风温度 40℃时，物料干燥时间较长，复水性下降。

综上，选取的温度为 50～70℃。

4）切片厚度对怀山药片热风干燥特性和复水特性的影响

不同切片厚度下的干燥曲线和复水曲线如图 3-29 所示。

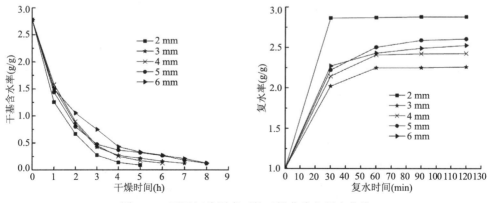

图 3-29　不同切片厚度下的干燥曲线和复水曲线

由图 3-29 可知，2 mm 厚度的干燥时间最短，为 5 h，这是因为物料切片较薄，水分蒸发快，但皱缩比较严重；物料厚度在 3～6 mm 时，干燥时间分别为 7 h、6 h、8 h、8 h，这可能是因为，物料由较高湿度环境换入低湿环境，物料内部的水分蒸发速度加快，干燥速率也快，而较薄的物料表面易硬化，水分蒸发速度降低，因此，物料厚度 4 mm 较为理想。

复水性与物料细胞及结构的破坏程度有关。2 mm 厚度的怀山药片复水性最好，且在 30 min 时复水就基本完全，这主要是因为 2 mm 怀山药片厚度很薄，能很快吸水复原。而 5 mm、6 mm 厚度怀山药片的复水性优于 3 mm、4 mm 的，这可能是因为物料稍薄，在干燥过程中形成硬壳，致使结构紧密，复水性下降。

综上，选择怀山药的切片厚度为 3～5 mm。

5）热风风速对怀山药片热风干燥特性和复水特性的影响

不同风速下的干燥曲线和复水曲线如图 3-30 所示。

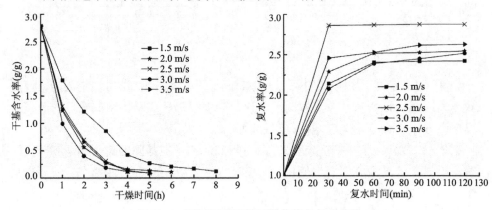

图 3-30　不同风速下的干燥曲线和复水曲线

由图 3-30 可知，在热风风速为 1.5～3.5 m/s 时，干燥时间随风速的增大而减少，这是因为空气流速的加快降低了怀山药片表面的水蒸气分压，从而加快了表面水分传递的速度，减少了干燥时间。

复水率随热风干燥速度的增大呈现先增大后减小的趋势，这可能是因为在一定干燥速度范围内，温度一定，干燥速度越小，水分的迁移速度越慢，表面水分减少，而干燥速度继续增大，水分蒸发强度增大，造成复水性下降。

综上，选择的热风干燥速度为 2.5～3.5 m/s。

2. 怀山药片热风干燥的正交试验结果

由怀山药片热风干燥单因素试验结果表明，相对湿度对减少热风干燥时间和提高复水性有很大影响，直接热风干燥和 30%～60% RH 的干燥时间分别为 11 h、9 h、4 h、5 h、5 h，但在 40%～60% RH 条件下干燥 4 h 时，干基含水率基本接近 0.12 g/g，即干燥完全时间基本接近，干燥能耗基本接近，但由于热风干燥前经过了一段高湿处理时间，且 40% RH 较 50% RH、60% RH 更易控制，消耗的能耗更小，综合单因素结果考虑，选取 40% RH 作为怀山药片热风干燥的较高处理湿度，同理，选择恒温恒湿控制的时间为 30 min，并以怀山药片干燥能耗为试验指标，选取热风温度、切片厚度和热风风速为影响因素，采用 $L_9(3^4)$ 正交试验方法进行工艺优化，利用 DPS 8.05 数据处理软件进行数据处理，具体试验因素、水平见表 3-14；极差分析见表 3-15；方差分析见表 3-16。

表 3-14　怀山药片热风干燥的正交试验因素及水平表

水平	因素		
	A 热风温度（℃）	B 切片厚度（mm）	C 热风风速（m/s）
1	50	3	2.5
2	60	4	3.0
3	70	5	3.5

表 3-15　怀山药片热风干燥的正交试验结果与极差分析

试验号	A	B	C	空白	干燥能耗（kJ/kg H_2O）
1	1	1	1	1	37 856
2	1	2	2	2	35 263
3	1	3	3	3	36 559
4	2	1	3	2	19 056
5	2	2	1	3	19 098
6	2	3	2	1	28 986
7	3	1	2	3	21 834
8	3	2	3	1	25 723
9	3	3	1	2	27 572
$K1$	109 678	78 746	92 565	84 526	
$K2$	67 140	80 084	81 891	86 083	
$K3$	75 129	93 117	77 491	81 338	
$k1$	36 559.33	26 248.67	30 855	28 175.33	
$k2$	22 380	26 694.67	27 297	28 694.33	
$k3$	25 043	31 039	25 830.33	27 112.67	
极差	14 179.33	4 790.33	5 024.67	1 581.67	
较优水平	A_2	B_1	C_3		
因素主次			$A>C>B$		
较优搭配			$A_2B_1C_3$		

表 3-16　怀山药片热风干燥的正交试验方差分析

方差来源	平方和	自由度	均方	F	显著水平
因素 A	340 770 996.2	2	170 385 498.1	87.370 7	$\alpha = 0.05$
因素 B	42 019 441.56	2	21 009 720.78	10.773 4	$\alpha = 0.1$
因素 C	40 057 750.22	2	20 028 875.11	10.270 5	$\alpha = 0.1$
误差 e	3 900 290.889	2	1 950 145.444		
总和 T	426 748 478.9	8			

注：$F_{0.01}(2,2)= 99.01$；$F_{0.05}(2,2)=19$；$F_{0.1}(2,2)=9$

由正交试验极差分析结果可知，各因素对指标影响的主次为热风温度>热风风速>切片厚度，由方差分析可知，各因素对干燥能耗影响的差异具有一定显著性，其中热风温度在 $\alpha = 0.05$ 水平下显著，切片厚度和热风风速在 $\alpha = 0.1$ 水平下显著，得出的最佳工艺参数为 $A_2B_1C_3$，即切片厚度为 3 mm 的物料在恒温恒湿（温度 60℃、相对湿度 40%）条件下，持续 30 min 后，进行热风干燥（热风温度 60℃、切片厚度为 3 mm、热风风速 3.5 m/s），此条件下干燥能耗最小（19 056 kJ/kg H_2O）。

3.4.6　小结

喷雾干燥制得的粉制品质地松脆，溶解性好。但怀山药中含有较多的淀粉，且黏度较大，若不经酶解直接进行喷雾干燥会大量黏于喷雾干燥器中，加大喷雾难度，造成浪费，酶解辅助喷雾干燥不仅能提高喷雾效果，而且制得的粉溶解性好。因此，酶解与喷雾干燥相结合的方法制得的山药粉品质较优。

未经预煮的怀山药打浆后会出现一层厚厚的泡沫，浆色褐变程度严重，因此加入了预煮 30 min 工艺，预煮后怀山药中的淀粉基本糊化，淀粉颗粒变小，便于后续酶解工艺，且能突出怀山药的香甜味，使成品香味浓郁。

本书采用响应曲面法优化了酶解液的喷雾干燥条件，对试验数据进行回归分析，得到回归方程：$Y=33.79+2.71A+2.03B-1.22C-1.45B^2-1.54C^2$；回归模型 $P<0.0001$，失拟不显著，调整回归系数 $R^2=0.9464$，说明该模型显著，失拟不显著，该模型与实际数据拟合良好，试验误差小，可以对参数进行预测和控制；得到怀山药粉喷雾干燥的最佳条件为：进风温度 180℃、热风流量 28.60 m^3/h、料流量 1060 ml/h。在此条件下，山药粉得率最高达到 37.59%，冲调性好，色泽风味佳，且含水率小于 5%，适于长期储存。

相对湿度控制对减少热风干燥时间、提高热风干燥品质有很大的影响，它能使物料快速预热，降低湿度后，加快水分蒸发，从而加快干燥速率，干燥时间比直接热风干燥缩短了将近 1/2，且热风干燥品质有所提高，符合现在干燥的发展方向。

在单因素试验的基础上，确定恒温恒湿条件（温度 60℃、相对湿度 40%、时间 30 min），采用 $L_9(3^4)$ 正交试验方法进行工艺优化，得到正交试验的最佳干燥参数：热风温度 60℃、切片厚度为 3 mm、热风风速 3.5 m/s，得到的干燥能耗最小为 19 056 kJ/kg H_2O。

3.5　怀山药全粉溶液的流变特性和抗氧化特性的研究

3.5.1　引言

食品的流变特性，是反映食品品质和物性的重要参数。食品的弹性力学和黏性流体力学的性质，与食品加工过程密切相关，如物料的搅拌、混合、成型、冷却等过程，用于食品的品质检测、工艺设计和设备开发中，对食品生产、加工、运输、存储具有重要意义。食品科学中，发黏的材料黏稠且难以吞咽，作为食品，一方面黏度过高，不利于原料营养成分的扩散与吸收，影响其生物功能的发挥；另一方面流变性是维持食品质地和形状的主要因素。黏度是液态食品最重要的流变特性，其测量是研究液态食品物性的重要手段。影响黏度的因素有很多，不同的加工方法及不同物料浓度对黏度的影响很大，热处理也是影响溶液流变性质的重要因素之一，加热过程中，高分子化合物中的各种作用力断裂，导致分子质量降低，溶液浓度发生不可逆的下降，尤其是长时间高温加热，必然会导致胶体发生降解。

怀山药营养丰富，具有极高的药用功能和营养价值，且含有较多的黏性糖蛋白及多糖类生物活性成分，这些物质均具有抗氧化作用，被广泛应用于医疗、保健和食品等方面。但是新鲜怀山药易腐败变质，因此研究怀山药干制品的干燥品质尤为重要。

本节分别以热风干燥、真空冷冻干燥、喷雾干燥、喷雾冷冻干燥、微波辅助真空冷冻干燥 5 种不同加工方法制备的怀山药全粉为原料配备不同浓度溶液，在不同温度、不同转速、不同浓度下，采用 Brabender 黏度仪和 NDJ-5S 数显旋转黏度计测其黏度，得到温度、转速、浓度及不同加工方法对怀山药粉黏度的影响规律，并测定 5 种怀山药全粉的抗氧化特性，研究干燥方法对怀山药全粉抗氧化特性的影响。

3.5.2　试验材料与方法

3.5.2.1　试验材料与试剂、仪器与设备

1. 材料与试剂

怀山药（初始含水率 73.56%）（河南省洛阳市丹尼斯百货超市）

三氯乙酸（天津市科密欧化学试剂有限公司）

甲醇、铁氰化钾、磷酸二氢钾（天津市德恩化学试剂有限公司）

氯化亚铁（天津市风船化学试剂科技有限公司）

十二水合磷酸氢二钠（西陇化工股份有限公司）

菲咯嗪（上海源叶生物科技有限公司）

氯化铁（郑州世纪凯美化工产品有限公司）

1,1-二苯基-2-三硝基苯肼（DPPH）（美国 Sigma 公司）

2. 仪器与设备

试验所用仪器与设备如表 3-17 所示。

表 3-17　主要仪器与设备

仪器名称	型号	生产厂家
Brabender 黏度仪	803302 型	德国 Brabender 公司
电子天平	JA-B/N	上海佑科仪器仪表有限公司
数显旋转黏度计	NDJ-5S	上海羽通仪器仪表厂
冰箱	SCD-565WT/B	海信北京电器
电热恒温水浴锅	DZKW-S	北京市永光明医疗仪器有限公司
离心沉淀机	80-2	江苏金坛市中大仪器厂
紫外-可见分光光度计	UV754N	上海佑科仪器仪表有限公司

3.5.2.2　试验方法

1.5 种怀山药全粉的制备工艺

1）热风干燥

将怀山药清洗干净后护色，切成 4 mm 厚度均匀薄片，置于 50% RH、60℃ 的恒温干燥箱中恒温恒湿 30 min，取出置于温度 60℃、10% RH、风速 3.5 m/s 的热风干燥箱中干燥 6 h，然后粉碎，得到怀山药全粉。

2）真空冷冻干燥

怀山药洗净后护色切片（4 mm 左右），将切片置于-30℃低温冷冻机冻结 5 h 左右。使冷阱温度达到-60℃，然后将经过预冻的怀山药切片快速转移至干燥室，打开真空泵和真空计，当真空度降至 10 Pa 以下时关闭真空计进行干燥。干燥完全后取出粉碎，得到怀山药全粉。

3）喷雾干燥

怀山药洗净后对其沸水处理 30 min，以料水比 1：2 打浆，然后用 α-淀粉酶酶解处理怀山药浆液，调节 pH 7.0，温度 70℃，酶解 45 min 后高温使酶灭活 15 min，加入总可溶性固形物含量比例 30%的麦芽糊精，调节喷雾干燥条件为：进风温度 180℃、热风流量 28.60 m³/h、进料流量 1060 L/h。在此条件下，进行喷雾干燥制粉。

4）微波辅助真空冷冻干燥

怀山药洗净后护色切片（4 mm），在-20℃下冻结 8 h，将怀山药切片平铺于干燥箱多孔物料盘内，将微波冷冻干燥机冷阱温度设定为-40℃，固定系统压强为 100 Pa，改变微波比功率（0.25 W/g）；干燥 5 h 后取出粉碎制粉。

5）喷雾冷冻干燥

怀山药洗净后对其沸水处理 30 min，以料水比 1∶2 打浆，然后用 α-淀粉酶酶解处理怀山药浆液，调节 pH 7.0，温度 70℃，酶解 45 min 后高温使酶灭活 15 min，对喷雾冷冻干燥机进行检漏，完成后启动制冷机循环和制冷，启动风机，当物料温度降至-30℃后，启动空压机、蠕动泵，装上雾化器，进料喷雾。物料喷好后，停止空压机，取下雾化器，启动真空泵，进入升华过程。待物料温度升至室温后，关闭真空泵、制冷机制冷和循环，收集物料，共干燥 13 h。

2. 5 种怀山药全粉甲醇提取液的制备

分别称取 1.25 g 怀山药全粉和 20 ml、60%浓度甲醇溶液置于四维旋转混匀器上混合 12 h，然后过滤，滤液置于 50 ml 离心管用甲醇溶液定容至 25 ml，配制 50 mg/ml 的怀山药全粉甲醇提取液，于-20℃下冷冻保存备用。

3. 怀山药全粉水提液的制备

分别称取 1.25 g 怀山药全粉和 20 ml 蒸馏水置于 100℃沸水浴中浸提 3 h，浸提完毕后取出冷却，4000 r/min，离心 10 min，分离上清液与沉淀物，收集上清液于 50 ml 离心管用蒸馏水定容至 25 ml，配制 50 mg/ml 的怀山药全粉水提取液，于-20℃下冷冻保存备用。

4. Brabender 黏度仪的试验设计

黏度是通过测试钵和搅拌器的相对运动来测定浆液扭矩而确定的。首先分别测定不同干燥方式下怀山药全粉的水分含量，根据水分校正表，精确称取适量不同干燥制备的怀山药全粉，加入蒸馏水配制成纯干物质质量分数为 10%的怀山药全粉乳 460 g，混合均匀后置于 Brabender 黏度仪的称量钵中，试验大致经过加热—保温—冷却 3 个过程，从 30℃开始以 1.5℃/min 的升温速率升温，温度达到 95℃后保温 30 min，再以 1.5℃/min 的降温速率冷却到 50℃，保温 30 min，全程 135 min，得到一条随时间和温度连续变化的怀山药全粉的黏度变化曲线及相关参数；从而得到不同干燥方法对怀山药全粉溶液的影响情况，图 3-31 中各个点分别表示如下。

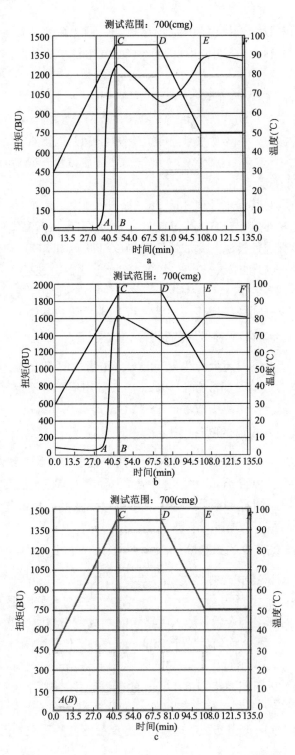

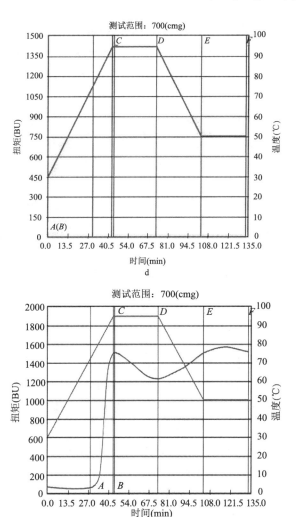

图 3-31　不同干燥方式下 10%浓度怀山药全粉的 Brabender 曲线（彩图请扫封底二维码）

a、b、c、d、e 分别表示热风干燥、真空冷冻干燥、喷雾干燥、喷雾冷冻干燥和微波真空冷冻干燥

A：起糊温度，黏度开始上升时的温度，比实际糊化温度略高，糊化温度越低，料液完全糊化需要的能量就越小，主要影响蒸煮时间。

B：峰值黏度，加热保温期间（即淀粉糊化过程中）所能达到的最高黏度值，反映了淀粉的吸水膨胀力。

C：升温到 95℃时的黏度值，该值与峰值黏度（*B*）的差值表示糊化的难易程度，差值越大则表示淀粉越易糊化。

D：谷黏度，糊液在 95℃保温一定时间后所对应的黏度值，即冷却开始时的黏度值。

E：终黏度，糊液温度降低到设定温度时的黏度值，是评价样品品质最常用的参数，值越大，表明淀粉熟化后冷却形成黏糊或凝胶的能力越强，室温下糊液越硬，该值与 D 点黏度值的差别表示冷却形成凝胶性的强弱，D、E 差值越大则凝胶性越强。

F：糊液在冷却阶段保温一定时间后的黏度值，该值与 E 点黏度值的差别表示糊液的冷黏度稳定性，差别大则糊液的冷黏度稳定性低。

B-D：崩解值，为峰值黏度减去谷黏度所得到的值，它反映的是淀粉糊在高温条件下抗剪切的能力，崩解值越低表示淀粉热稳定性越好，反之越差。

E-D：回生值，等于终黏度减去谷黏度，表示淀粉冷却时的重结晶能力，回生值越高，重结晶能力越强，淀粉越容易老化。

5. NDJ-5S 数显旋转黏度计的试验设计

1）不同怀山药全粉溶液浓度对其黏度的影响

选取 3 种干燥方式（热风干燥、真空冷冻干燥、微波真空冷冻干燥）制备的怀山药全粉，分别配制成浓度 3%、5%、8%、10%的怀山药全粉溶液，搅拌均匀，在转速 60 r/min 下测定其黏度。

2）不同转子转速对怀山药全粉溶液黏度的影响

分别配制浓度为 3%、10%的 2 种干燥的怀山药全粉溶液（同上），搅拌均匀，在 6 r/min、12 r/min、30 r/min、60 r/min 转速下测定其黏度。

3）不同温度对怀山药全粉溶液黏度的影响

分别配制浓度为 5%的 3 种干燥的怀山药全粉溶液（同上），在 30℃、60℃和 80℃水浴锅中加热 1 h 后冷却至室温，在 60 r/min 下测定其黏度变化。

4）冻融变化对怀山药全粉溶液黏度的影响

分别配制 5%浓度的 3 种干燥的怀山药全粉溶液（同上），搅拌均匀后于-20℃冰箱中冷却 2 h 后取出，于室温下解冻，在 6 r/min、12 r/min、30 r/min、60 r/min 转速下测定其冷冻前后的黏度变化。

6. 怀山药全粉抗氧化测定试验设计

1）怀山药全粉的甲醇提取液和水提取液的还原能力测定

分别用移液枪吸取 1 ml 怀山药全粉甲醇提取液和水提取液于 10 ml 试管中，加入 1.0 ml 磷酸盐缓冲液（0.2 mol/L，pH 6.6）和 2.5 ml 铁氰化钾溶液（1%，现用现配），混合均匀后在 50℃恒温水浴锅中保温 20 min，结束后取出迅速冷却降温，加入 0.5 ml 三氯乙酸（10%）终止反应，3000 r/min 离心 10 min，取 1 ml 上清液、1ml 蒸馏水和 0.1 ml $FeCl_3$（0.1%）静置 10 min，以 1 ml 蒸馏水代替甲醇提取液和水提取液做空白对照，其他操作不变，于 700 nm 处测吸光值，其中，吸光值越大表明还原能力越强，即抗氧化性越强。

2）怀山药全粉甲醇提取液 DPPH 自由基清除试验

DPPH 自由基清除试验参考文献的方法，并略作调整：分别用移液枪移取 1 ml 怀山药全粉甲醇提取液和 5 ml DPPH 甲醇溶液（0.1 mmol/L，即用分析天平称取 1.9716 mg DPPH 溶于 50 ml 容量瓶中，溶剂为 60%的甲醇，现用现配）于 10 ml 试管中混合均匀，避光保持 50 min 后，于波长 517 nm 处测其吸光值，以 1 ml 甲醇溶液代替 1 ml 的怀山药全粉甲醇提取液做空白对照，其他操作不变，DPPH 自由基清除率计算方法如下：

$$\text{DPPH 自由基清除率（%）} = [1-(A_{517\,nm}\text{样品}/A_{517\,nm}\text{空白对照})] \times 100 \quad (3\text{-}14)$$

3）怀山药全粉甲醇提取液的 Fe^{2+} 螯合能力试验

采用文献方法来测定不同干燥方式下怀山药全粉的 Fe^{2+} 螯合活性，并略作调整，分别用移液枪移取 1 ml 怀山药全粉甲醇提取液于 10 ml 试管中，并加入 0.1 ml $FeCl_2 \cdot 4H_2O$（2 mmol/L，现用现配）、0.2 ml 菲咯嗪溶液（5 mmol/L）及 3.7 ml 甲醇溶液混合均匀，室温下静置 10 min，于波长 562 nm 处测其吸光值，Fe^{2+} 螯合能力计算公式如下：

$$Fe^{2+}\text{螯合能力（%）} = [1-(A_1-A_2)/A_0] \times 100 \quad (3\text{-}15)$$

式中，A_0 为 1 ml 甲醇代替反应体系中怀山药全粉甲醇提取液后的吸光值；A_1 为怀山药全粉甲醇提取液反应后的吸光值；A_2 为 0.1 ml 甲醇代替反应体系中 $FeCl_2 \cdot 4H_2O$ 溶液后的吸光值。

3.5.2.3　数据处理

试验数据用 Origin 8.5 进行统计分析。

3.5.3　结果与分析

1. Brabender 黏度仪的试验结果分析

图 3-31 为不同干燥方式下 10%浓度的怀山药全粉的 Brabender 曲线图。

由图 3-31c 和 d 可以看出，喷雾干燥和喷雾冷冻干燥制备的怀山药全粉的黏度不随温度和转速的变化而变化，基本符合牛顿黏性定律，主要原因可能是受两种干燥方式预处理影响，两种喷雾干燥都经过了沸水浴 30 min，α-淀粉酶酶解处理，沸水浴 30 min，基本上淀粉已经糊化，且 α-淀粉酶是一种液化酶，能使淀粉迅速液化而生成低分子，且酶解作用后可使糊化淀粉的黏度迅速降低，变成液化淀粉，因此两种喷雾干燥制备的怀山药全粉已经经过了糊化和降黏过程，不再因温度和转速的变化而变化，因此在接下来的数显旋转黏度试验设计中不再对这两种干燥方式进行深入研究。

由图 3-31a、b 和 e 可知，刚开始加热阶段，随着温度升高，热风干燥、真空冷冻干燥和微波真空冷冻干燥 3 种干燥怀山药全粉黏度是逐渐减小的，而温度升高到一定程度（5℃左右），溶液黏度急剧增加，这是因为在加热过程中，温度升高，使分子运动加剧，分子间相互作用力增大，使分子占有体积增大，淀粉糊的黏度降低。但当加热到一定温度时，淀粉开始溶胀，分裂成具有黏性的均匀糊状，黏度就会增大，即淀粉糊化过程，因此，此类淀粉可作为增稠剂，通过淀粉糊化以增加食品黏稠度，来满足消费者的口感。

表 3-18 为不同干燥方式下 10%怀山药全粉 Brabender 曲线特征值。

表 3-18   不同干燥方式下 10%怀山药全粉 Brabender 曲线特征值

干燥方式	A (℃)	B (BU)	C (BU)	D (BU)	E (BU)	F (BU)	$B-D$（崩解值）(BU)	$E-D$（回生值）(BU)
热风干燥	2.1	1280	1256	1001	1301	1307	279	300
真空冷冻干燥	4.6	1638	1635	1339	1610	1608	299	271
微波真空冷冻干燥	4.4	1515	1501	1230	1510	1522	285	280
喷雾干燥	30.7	0	0	0	0	0		
喷雾冷冻干燥	30.2	0	0	0	0	0		

由表 3-18 可知，干燥方式不同，A 值（糊化温度）差别较大，喷雾干燥和喷雾冷冻干燥糊化温度较低，且在刚开始加热阶段（常温下）就已经糊化，且黏度基本为 0，因此这两种干燥方式得到的怀山药全粉，可直接加水冲服；而热风干燥的糊化温度高于微波真空冷冻干燥高于真空冷冻干燥，这可能与干燥温度有关，温度越高，糊化温度也越高。由 B 值（峰值黏度）可以看出，真空冷冻干燥怀山药全粉的吸水膨胀力高于微波真空冷冻干燥高于热风干燥。由 E 值（终黏度）可知，真空冷冻干燥的怀山药全粉在糊化后冷却形成黏糊或凝胶的能力较强，其次是微波真空冷冻干燥，热风干燥形成黏糊或凝胶的能力稍弱。由 $B-D$ 值（崩解值）可以得出，热风干燥怀山药全粉的热稳定性最好，其次是微波真空冷冻干燥全粉，真空冷冻干燥全粉热稳定性最差，这可能是由于热风干燥和微波真空冷冻干燥在干燥过程中有热源加入，故耐热性较好。由 $E-D$ 值（回生值）可知，热风干燥的回生值高于微波真空冷冻干燥高于真空冷冻干燥，说明热风干燥的怀山药全粉比微波真空冷冻干燥和真空冷冻干燥的更容易老化，淀粉老化后很难复水，因此，以热风干燥怀山药全粉为原料加工的食品老化后会变硬而难以下咽。

2. NDJ-5S 数显旋转黏度计的试验结果分析

1）不同怀山药全粉浓度对 3 种溶液黏度的影响

不同怀山药全粉浓度对 3 种溶液黏度的影响结果如图 3-32 所示。

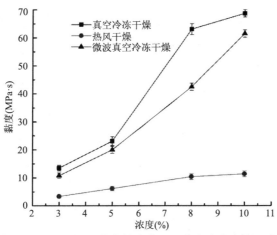

图 3-32 不同怀山药全粉浓度对 3 种溶液黏度的影响

由图 3-32 可知，真空冷冻干燥和微波真空冷冻干燥全粉的黏度均远远高于热风干燥全粉，且浓度越高，差别越明显，产生这种结果的原因可能是真空冷冻和微波真空冷冻在干燥过程中温度较低，而且都是运用冷冻升华的原理，原物料糖蛋白保持程度较好，故黏度较高，而热风干燥经过了长时间高温处理，破坏了原料糖蛋白的结构，使黏度降低。

2）不同转子转速对怀山药全粉溶液黏度的影响

不同转子转速对怀山药全粉溶液黏度的影响结果如图 3-33 所示。

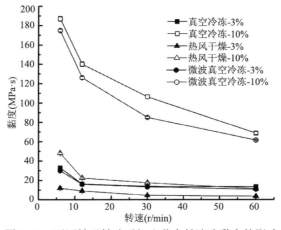

图 3-33 不同转子转速对怀山药全粉溶液黏度的影响

由图 3-33 可知，在 3%、10%浓度下，2 种怀山药全粉溶液黏度均随转子转速（剪切速率）的增大而减小，且浓度越大，减小的趋势越明显，这说明这 2 种怀山药全粉溶液均为"假塑性流体"，具有良好的假塑性，这类性质的食品液体大多含有高分子的胶体离子，在静置或低流速状态下，这些离子互相缠结而黏稠，当流速增大时，较散乱的链状离子会旋转收缩，减少了离子间的相互缠结，就出现了剪切稀化现象。

3）不同温度对怀山药全粉溶液黏度的影响

不同温度对怀山药全粉溶液黏度的影响结果如图 3-34 所示。

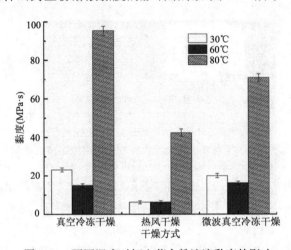

图 3-34　不同温度对怀山药全粉溶液黏度的影响

由图 3-34 可知，在 5%浓度下，3 种怀山药全粉溶液黏度随温度的升高先下降再显著升高，这和前面 Brabender 黏度仪的试验设计结果相同，先降低是因为温度升高，分子运动加剧，分子间相互作用力增大，使分子占有体积增大，淀粉糊的黏度降低。但达到一定温度，淀粉开始糊化，黏度急剧增大。

4）冻融变化对怀山药全粉溶液黏度的影响

冻融变化对怀山药全粉溶液黏度的影响结果如表 3-19 所示。

表 3-19　冷冻-解冻处理对怀山药全粉溶液黏度的影响

干燥方式	冷冻前黏度（MPa·s）				解冻后黏度（MPa·s）			
	6 r/min	12 r/min	30 r/min	60 r/min	6 r/min	12 r/min	30 r/min	60 r/min
真空冷冻干燥	78	50	28.8	23.1	49.5	28	22.3	16.5
热风干燥	20	10	7	6.2	104	48.5	25.2	13.9
微波真空冷冻干燥	62	49	28.2	20	52	35	27.2	20.6

　　由表 3-19 可知，冷冻-解冻处理对怀山药全粉溶液黏度影响很大，解冻后真空冷冻干燥和微波真空冷冻干燥的怀山药全粉溶液的黏度较冷冻前有下降趋势，且转速越小，下降趋势越明显；与之相反，解冻后热风干燥怀山药全粉的黏度较冷冻前呈现增大趋势，且转速越小，增大的趋势越明显。这可能与怀山药全粉的制备过程有关，真空冷冻干燥和微波真空冷冻干燥都属于低温冷冻干燥，在长时间低温下进行干燥，因此制得的全粉溶液黏度在较低温度下比较稳定；而热风干燥怀山药全粉在较高温度下制备而成，因此经过冷冻处理，溶液黏度会不稳定，但造成冷冻-解冻后热风干燥怀山药全粉溶液黏度急剧升高的原因还不明确，需要进一步深入研究。

3. 抗氧化性试验结果分析

1）怀山药全粉的甲醇提取物和水提物的还原能力

不同干燥方式下怀山药全粉甲醇提取物和水提物的吸光值如图 3-35 所示。

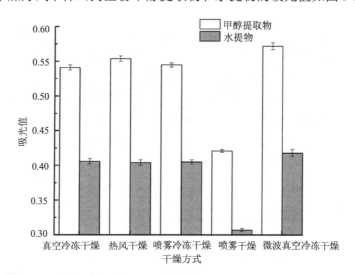

图 3-35　不同干燥方式下怀山药全粉甲醇提取物和水提物的吸光值

　　如图 3-35 所示，由怀山药全粉甲醇提取物和水提物在 700 nm 处的吸光值大小可以看出，怀山药全粉甲醇提取物的还原能力远远高于水提物，这也间接表明了甲醇更有利于抗氧化物质成分的浸出，且真空冷冻干燥、热风干燥、喷雾冷冻干燥、微波真空冷冻干燥怀山药全粉甲醇提取物的吸光值均在 0.55 左右，较为接近，表明这 4 种干燥方式的还原能力较为接近，抗氧化能力相似，而喷雾干燥由于麦芽糊精的加入，测得的怀山药全粉的抗氧化能力相对较弱。

2）怀山药全粉甲醇提取物 DPPH 自由基清除率

怀山药全粉甲醇提取物 DPPH 自由基清除试验结果如图 3-36 所示。

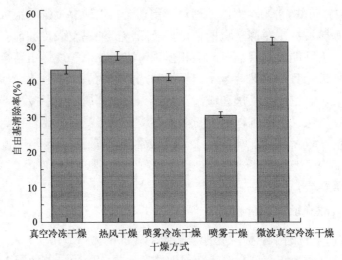

图 3-36　怀山药全粉甲醇提取物 DPPH 自由基清除率

如图 3-36 所示，5 种干燥方式中，微波真空冷冻干燥怀山药全粉清除自由基的能力最强，真空冷冻干燥、热风干燥和喷雾冷冻干燥全粉自由基清除率在 40%～50%，差异较小，且与微波真空冷冻干燥怀山药全粉的清除能力接近；喷雾干燥全粉自由基清除率最低，约为微波真空冷冻干燥全粉的 59.45%，差异较大。

3）怀山药全粉甲醇提取物的 Fe^{2+} 螯合能力

怀山药全粉甲醇提取物的 Fe^{2+} 螯合能力试验结果如图 3-37 所示。

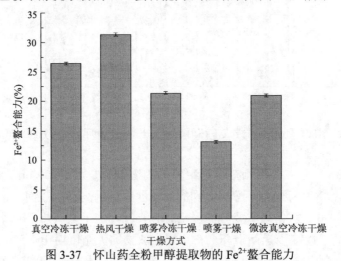

图 3-37　怀山药全粉甲醇提取物的 Fe^{2+} 螯合能力

由图 3-37 可知，干燥方式对 Fe^{2+} 的螯合能力影响较大，其中热风干燥对其影响最大，其次是真空冷冻干燥、喷雾冷冻干燥和微波真空冷冻干燥，而喷雾干燥怀山药全粉的 Fe^{2+} 的螯合能力最小，这可能是因为较高温度使怀山药片表皮发生了美拉德反应（温度 20～25℃氧化即可发生美拉德反应，30℃以上速度加快），产生了一些反应产物（类黑精、还原酮及一系列含 N、S 的杂环化合物），相关研究表明，这类物质具有抗氧化作用，从而使热风干燥的 Fe^{2+} 的螯合能力较大，而喷雾干燥由于干燥前处理过程中加入了一定量的麦芽糊精，其 Fe^{2+} 的螯合能力较低。

3.5.4　小结

通过 Brabender 黏度仪和 NDJ-5S 数显旋转黏度计对 5 种不同加工方法制备的怀山药全粉溶液的黏度特性进行测定，结果表明，喷雾干燥和喷雾冷冻干燥怀山药全粉溶液在 10%浓度下为牛顿流体，热风干燥、真空冷冻干燥和微波真空冷冻干燥怀山药全粉溶液在 3%～10%浓度下为假塑性流体。

喷雾干燥和喷雾冷冻干燥怀山药全粉黏度基本为 0，且在常温下就已糊化，可直接加水冲服，热风干燥、微波真空冷冻干燥和真空冷冻干燥怀山药全粉的糊化温度较高（75℃左右），且在糊化过程中怀山药全粉溶液黏度急剧增大，真空冷冻干燥的怀山药全粉在糊化后冷却形成黏糊或凝胶的能力较强，其次是微波真空冷冻干燥，热风干燥形成黏糊或凝胶的能力稍弱；而热风干燥怀山药全粉的热稳定性最好，其次是微波真空冷冻干燥的全粉，真空冷冻干燥的全粉热稳定性最差；热风干燥怀山药全粉更容易老化，淀粉老化后很难复水，因此，以热风干燥怀山药全粉为原料加工的食品老化后会变硬而难以下咽。

真空冷冻干燥和微波真空冷冻干燥都属于低温冷冻干燥，制备的怀山药全粉溶液黏度冻融稳定性较好，而热风干燥怀山药全粉在较高温度下制备而成，冻融稳定性较差。

由怀山药全粉的抗氧化试验结果可以得出，怀山药全粉的甲醇提取物的抗氧化性优于怀山药全粉水提物，且热风干燥全粉的抗氧化性较好，真空冷冻干燥、喷雾冷冻干燥、微波真空冷冻干燥全粉的抗氧化效果较为接近，喷雾干燥全粉抗氧化性最差，这可能是因为热风干燥的较高温度使怀山药片表皮发生了美拉德反应（温度 20～25℃氧化即可发生美拉德反应，30℃以上速度加快），产生了一些新的抗氧化物质，从而使其抗氧化性较好，而喷雾干燥加入的包埋剂——麦芽糊精使其抗氧化性较弱。

3.6　基于变异系数权重法对怀山药全粉制备品质的评价

3.6.1　引言

怀山药营养丰富，而新鲜怀山药因其水分含量高、储存性差而大部分被干制品代替。怀山药干制后加工成粉，不仅可以作为成品单独使用，还可作为辅料添加到其他食品中，使其用途更加广泛。目前怀山药粉的研究主要针对其制备方法，而不同干燥方式下怀山药粉品质对比的研究却很少。

变异系数权重法是一种根据各指标包含信息来计算权重的方法，避免了专家赋值的主观性，较为客观地反映了实际情况。利用各指标变异系数衡量指标间差异程度，以消除量纲，能客观体现怀山药全粉各指标的相对重要情况。变异系数权重法作为一种有效的评价方法而广泛应用，但很少用于评价食品特别是其干燥质量。

本节以怀山药为原料，采用热风干燥、真空冷冻干燥、喷雾干燥、喷雾冷冻干燥、微波真空冷冻干燥 5 种方式对怀山药进行干燥制粉，通过变异系数权重法计算各指标权重，将各指标数据进行标准化处理，采用加权平均法得到不同干燥方式怀山药全粉的综合评分，比较得出最佳的干燥方式。

3.6.2 试验材料与方法

1. 材料与试剂

怀山药（初始湿基含水率为73.56%）：购于河南省洛阳市丹尼斯百货超市，所选怀山药粗细均匀、无虫眼、无褐变，置于5℃冰箱内冷藏备用。

柠檬酸（食品级）：成都市科龙化工试剂厂。

维生素 C（食品级）：亿诺化工有限公司。

葡萄糖、苯酚（均为分析纯）：淄博万丰化工销售有限公司。

浓硫酸（分析纯）：洛阳昊华化学试剂有限公司。

α-淀粉酶（3700 U/g）：北京奥博星生物技术有限责任公司。

2. 仪器与设备

主要仪器与设备见表 3-20。

表 3-20　主要仪器与设备

仪器名称	型号	生产厂家
电热恒温水浴锅	DZKW-S	北京市永光明医疗仪器有限公司
电子天平	JA-B/N	上海佑科仪器仪表有限公司
真空干燥箱	DZF-6050	上海精宏实验设备有限公司
电热鼓风干燥箱	101 型	北京科伟永兴仪器有限公司
热泵干燥机	GHRH-20	广东省农业机械研究所干燥设备制造厂
实验型喷雾干燥机	YC-015	上海雅程仪器设备有限公司
色差仪	X-rite Color I5	美国爱色丽仪器有限公司

续表

仪器名称	型号	生产厂家
离心沉淀机	80-2	江苏金坛市中大仪器厂
切片机	SHQ-1	德州市天马粮油机械有限公司
恒温恒湿箱	HSP-150B	常州赛普实验仪器厂
紫外-可见分光光度计	UV754N	上海佑科仪器仪表有限公司
冰箱	SCD-565WT/B	海信北京电器
实验型喷雾冷冻干燥机	YC-3000	上海雅程仪器设备有限公司
微波干燥设备		南京亚泰微波能技术研究所
真空冷冻干燥机	LGJ-10D	北京四环科学仪器厂有限公司
华晨高速多功能粉碎机	HC-200	浙江省永康市金穗机械制造厂

3. 指标测定

1）色差的测定

色差是根据均匀色空间理论用色差仪进行测定的，选择 6 mm 孔径测量，先进行白板和黑板校正，再进行标准测量和比样测量测定原料的色泽，本试验选择经去皮的真空冷冻怀山药粉为标准样品，色差值（ΔE）表示被测样品色泽与标准样品色泽之间总色差的大小，每个试验样品选择不同角度测 3 次，取其平均值；其中，ΔL 大表示偏白，小表示偏黑；Δa 大表示偏红，小表示偏绿；Δb 大表示偏黄，小表示偏蓝；而：

$$\Delta E = \sqrt{(\Delta L)^2 + (\Delta a)^2 + (\Delta b)^2} \qquad (3\text{-}16)$$

2）复水性的测定

分别称取 1 g 怀山药全粉和 20 ml 蒸馏水于 50 ml 离心管中，将离心管置于 25℃恒温水浴锅中静置 1 h，以 3000 r/min 速度离心 25 min，最后称取沉淀物的质量，即复水怀山药全粉的质量。

$$RR = \frac{w_2 - w_1}{w_1} \qquad (3\text{-}17)$$

式中，RR 为怀山药全粉的复水性；w_1 为复水前怀山药全粉的质量（g）；w_2 为复水后怀山药全粉的质量（g）。

3）吸湿性的测定

精确称取 1 g 怀山药全粉放置于康威氏微量扩散皿内室，外室放入氯化钠饱和溶液（环境相对湿度 75%），密闭后将康威氏微量扩散皿放入已设置温度的恒温箱保存 7 d，吸湿性的测定采用以下公式：

$$吸湿率(\%) = (W_1 - W_2) \times 100 / m_0 \tag{3-18}$$

式中，W_1 为吸湿后怀山药全粉及康威氏微量扩散皿的质量（g）；W_2 为吸湿前怀山药全粉及扩散皿的质量（g）；m_0 为吸湿前怀山药全粉的质量（g）。

4）溶解度的测定

称取约 2 g（m_1）怀山药全粉于 50 ml 烧杯中，加入 20 ml、50℃蒸馏水，于 50℃恒温水浴中搅拌 30 min，使其溶解，并确保怀山药全粉不能被完全溶解，然后以 3000 r/min 的速度离心 10 min。取 2 ml 上清液于已经恒重的称量瓶中，放入（105±2）℃的热风干燥箱中干燥至恒重，称得溶解物质量（m_2），则溶解度的计算采用下式：

$$溶解度(\%) = \frac{10 \times m_2}{m_1} \times 100 \tag{3-19}$$

5）流动性的测定

把漏斗固定在铁架台上保持垂直，桌面铺张洁净的白纸，漏斗口与白纸的距离记作 H，将怀山药全粉沿着漏斗内壁均匀倒入，测定所形成的圆锥体的底部半径（R），按公式 $\alpha = \operatorname{arctg}(H/R)$ 换算成粉堆与平面的夹角，记作休止角（°）。

6）干燥能耗的测定

干燥能耗以每干燥一个单位质量水分的耗能计算（kJ/kg H_2O），干燥过程的总脱水量和干燥能耗按下式计算：

$$m_1 = m \times \frac{C_1 - C_2}{1 - C_1} \tag{3-20}$$

式中，m_1 为脱水质量（kg）；m 为干品质量（kg）；C_1 为初始水分含量（%）；C_2 为最终水分含量（%）。

$$N = \frac{3600 \times P \times t}{m_1} \tag{3-21}$$

式中，N 为干燥能耗（kJ/kg H_2O）；P 为功率（kW）；t 为时间（h）；m_1 为脱水质量（kg）。

7）堆积密度的测定

将怀山药全粉倒入 10 ml 量筒中振匀摇实，直至怀山药全粉填充至量筒刻度线处，记录填充的怀山药全粉的质量（m），以及量筒的填充体积（v），则怀山药全粉的堆积密度（d_0）表示为

$$d_0 = \frac{m}{v} \tag{3-22}$$

8）多糖的测定

采用水提醇沉法提取怀山药多糖，采用苯酚-硫酸比色法测定多糖含量。

4. 综合评分

采用变异系数法确定上述各个指标的权重系数，首先将变量的实际值进行数据标准化处理，然后采用加权平均的方法确定 5 种干燥怀山药全粉的综合评分，指标的变异系数计算如下：

$$V_i = \frac{\sigma_i}{X_i} \qquad (3\text{-}23)$$

式中，V_i 为第 i 项指标的变异系数；σ_i 为第 i 项指标的标准差；X_i 为第 i 项指标的算术平均值。

各指标的权重的计算公式为

$$W_i = \frac{V_i}{\sum_{i=1}^{n} V_i} \qquad (3\text{-}24)$$

采用 Z-score 标准化法将各项指标的数据进行标准化处理，公式如下：

$$Z_{ij} = \frac{X_{ij} - X_i}{\sigma_i} \qquad (3\text{-}25)$$

式中，Z_{ij} 为标准化后的变量值；X_{ij} 为实际变量值；X_i 为第 i 项指标的算数平均值；σ_i 为第 i 项指标的标准差。

ΔE、堆积密度、休止角、干燥能耗、吸湿性等的值越小越好，因此，标准化后需在前面加负号，将不同干燥方式下各指标标准化后的数据分别与权重相乘后，计算总和，得到综合评分。

5. 统计分析

使用 DPS 8.05 对试验数据进行方差分析，试验中显著水平定为 $P<0.05$。每组试验重复 3 次，进行各指标统计分析。

3.6.3　结果与分析

1. 干燥方式对怀山药全粉色泽的影响

如表 3-21 所示，5 种不同干燥方式下，怀山药全粉的颜色和新鲜怀山药相比在不同程度上变白了，这可能与物料性状和微观结构有关。因此，选取真空冷冻干燥果肉粉为比较标准，即和真空冷冻干燥果肉粉的 ΔE 越接近，颜色变化就越小，由此可以看出，真空冷冻干燥全粉的颜色变化很小，基本接近于标准粉，其次是喷雾冷冻干燥、喷雾干燥和微波真空冷冻干燥，热风干燥的颜色变化最大；这与物料干燥过程中的干燥温度和干燥时间有很大的关系，干燥温度越高，干燥时间越长，物料就越容易变色。

表 3-21 不同干燥方式下怀山药全粉色差变化值

干燥方式	ΔE	ΔL	Δa	Δb
新鲜怀山药		85.13	−1.61	9.39
真空冷冻干燥果肉粉		96.71	−1.15	8.94
喷雾干燥全粉	6.60	94.42	0.76	3.05
热风干燥全粉	8.17	88.90	0.89	7.67
微波真空冷冻干燥全粉	6.67	91.41	0.65	5.31
真空冷冻干燥全粉	4.00	94.30	0.16	6.03
喷雾冷冻干燥全粉	6.17	90.77	0.45	9.51

2. 干燥方式对怀山药全粉复水性的影响

干制品复水性也是物料干制过程中需要控制的重要指标，不同干燥方式对怀山药全粉复水性的影响结果如图 3-38 所示。

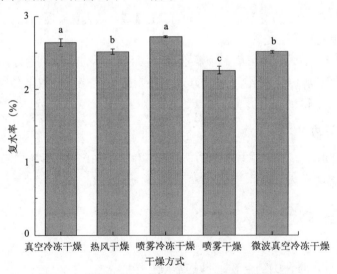

图 3-38 不同干燥方式对怀山药全粉复水性的影响

肩标小写字母不同表示差异显著（$P<0.05$），

有相同字母表示差异不显著

由图 3-38 可知，怀山药全粉的复水性因干燥方法的影响而有较大差别，真空冷冻干燥和喷雾冷冻干燥制品的复水性较好，热风干燥和微波真空干燥次之，喷雾干燥的复水性最差，这可能与制品的溶解度有密切关系。

3. 干燥方式对怀山药全粉吸湿特性的影响

吸湿性强的粉体物料极易引起结块、流动性降低、潮解等，使产品的物理、化学和生物稳定性降低，从而影响粉体产品的可接受度而影响产品开发。如图 3-39 所示，不同干燥方式对怀山药全粉吸湿特性的影响很显著，不同干燥方式对怀山药全粉的影响顺序为喷雾干燥>热风干燥>喷雾冷冻干燥>真空冷冻干燥>微波真空冷冻干燥，真空冷冻干燥、喷雾冷冻干燥和微波真空冷冻怀山药全粉的吸湿率均在 10%左右，说明这 3 种干燥方式下生产的怀山药全粉不易吸收外界水分而潮解，便于保藏；喷雾干燥怀山药全粉容易吸湿，且在吸湿过程中颜色和形状都发生了很大的变化，颜色由原来果肉的颜色向怀山药皮的颜色发展，而状态由原来的粉质变成了后来的凝胶状，因此在包装过程中要选择合适的包装材料和包装方式。

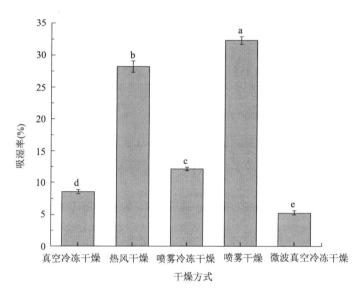

图 3-39　不同干燥方式对怀山药粉吸湿性的影响

肩标小写字母不同表示差异显著（$P<0.05$），

有相同字母表示差异不显著

4. 干燥方式对怀山药全粉溶解度的影响

不同干燥方式对怀山药粉溶解性的影响结果如图 3-40 所示。

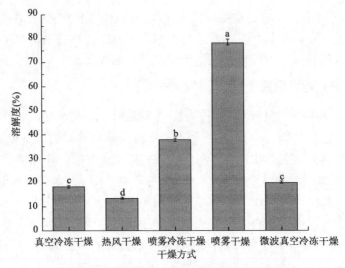

图 3-40　不同干燥方式对怀山药粉溶解性的影响

肩标小写字母不同表示差异显著（$P<0.05$），
有相同字母表示差异不显著

由图 3-40 可知，不同干燥方法下怀山药全粉的溶解度差异显著，其中喷雾干燥的溶解度最大，这可能与加入的麦芽糊精有很大关系；其次是喷雾冷冻干燥；真空冷冻干燥和微波真空冷冻干燥次之；热风干燥的怀山药全粉的溶解性最差。

5. 干燥方式对怀山药全粉流动性的影响

粉体流动性的评价与测定方法较多，其中休止角的测定是检验粉体流动性好坏的最简便的方法，它能在一定程度上反映粉体流动性大小。休止角越小，粉体颗粒之间的摩擦力就越小，流动性越好，测定粉体流动性并进行改善，对粉体的生产、储藏、运输、装填及中药制剂不同成分的混合、成型及装量有着重要的意义。从图 3-41 可以看出，不同干燥方式下怀山药全粉休止角由小到大的顺序为微波真空冷冻干燥<喷雾冷冻干燥<真空冷冻干燥<热风干燥<喷雾干燥；一般情况下休止角在 45°以下，说明流动性较好，休止角大于 45°，则流动性较差。因此，微波真空冷冻干燥、喷雾冷冻干燥及真空冷冻干燥的怀山药全粉的流动性基本合格，这可能是因为这 3 种干燥方式能较好地保持产品原有性状，结构比较疏松，颗粒间摩擦力小，产品流动性好；而热风干燥和喷雾干燥的怀山药全粉流动性较差，这可能与温度有关系，温度越高，表面越容易焦糊，粉碎后颗粒不均匀或喷雾干燥后分子容易团聚，导致摩擦力增大。具体原因需要进一步的试验研究证明。

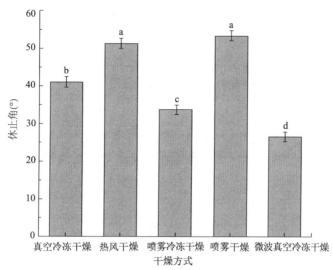

图 3-41　不同干燥方式对怀山药粉休止角的影响

肩标小写字母不同表示差异显著（$P<0.05$），
有相同字母表示差异不显著

6. 干燥方式对怀山药全粉干燥能耗的影响

不同干燥方式对怀山药粉干燥能耗的影响结果如图 3-42 所示。

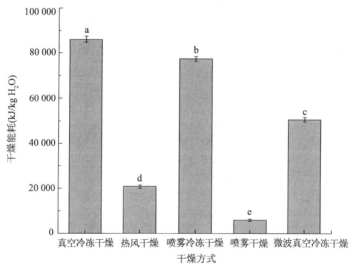

图 3-42　不同干燥方式对怀山药粉干燥能耗的影响

肩标小写字母不同表示差异显著（$P<0.05$），
有相同字母表示差异不显著

由图 3-42 可知，各干燥方式对怀山药全粉制备的干燥能耗的影响差异显著，其中，真空冷冻干燥能耗最大，喷雾冷冻干燥和微波真空冷冻干燥次之，热风干燥和喷雾干燥能耗较低，真空冷冻干燥能耗分别是热风干燥和喷雾干燥能耗的 4 倍和 8 倍。

7. 干燥方式对怀山药全粉堆积密度的影响

堆积密度是反映粉体质构的重要参数之一，由图 3-43 可知，不同干燥方式下怀山药全粉堆积密度大小顺序为热风干燥>微波真空冷冻干燥>真空冷冻干燥>喷雾干燥>喷雾冷冻干燥。这与 Caparino 等（2012）的研究结果类似。原因可能为，热风流量对热风干燥的怀山药全粉的平均粒径影响较大，使产品在质量相同情况下，体积相对减小；微波真空冷冻干燥制品虽然也能较好保持物料原来形状，但微波源的加入使物料在短时间内迅速升温，使产品结构紧致；真空冷冻干燥，冷冻和真空的作用使物料能较好保持原来的疏松结构，喷雾干燥由于经过高压均质和雾化器雾化，怀山药全粉的颗粒变得很细，从而质地比较疏松；喷雾冷冻干燥集合了真空冷冻和喷雾干燥的两大优点，使结构更加疏松。粉的堆积密度越大，越有利于粉体压片，因此热风干燥和微波真空冷冻干燥怀山药粉更利于产品压片。

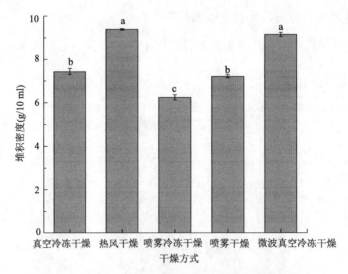

图 3-43　不同干燥方式对怀山药全粉堆积密度的影响

肩标小写字母不同表示差异显著（$P<0.05$），
有相同字母表示差异不显著

8. 干燥方式对怀山药全粉多糖含量的影响

不同干燥方式对怀山药全粉多糖含量的影响结果如图 3-44 所示。

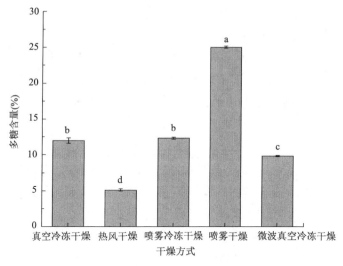

图 3-44　不同干燥方式对怀山药全粉多糖含量的影响

肩标小写字母不同表示差异显著（$P<0.05$）

有相同字母表示差异不显著

由图 3-44 可知，不同干燥方式下怀山药全粉多糖含量大小为喷雾干燥>喷雾冷冻干燥>真空冷冻干燥>微波真空冷冻干燥>热风干燥，喷雾干燥由于在干燥过程中加入了麦芽糊精，测得的多糖得率较高。由图 3-44 可知，喷雾干燥、喷雾冷冻干燥和真空冷冻干燥都能较好地保留怀山药的生物活性物质，而热风干燥由于在较高温度下长时间干燥，多糖含量损失较多。

9. 不同干燥方式下怀山药全粉品质的综合评分

运用变异系数法对怀山药全粉各指标的平均值、标准差、变异系数和权重进行计算，结果见表 3-22。

表 3-22　怀山药全粉各项指标的权重

指标名称	平均值	标准差	变异系数	权重
ΔL	91.96	2.126	0.023	0.007
ΔE	6.322	1.343	0.212	0.067
堆积密度	7.878	1.213	0.154	0.049
溶解度	34.1	24.384	0.715	0.227
休止角	41.260	10.209	0.247	0.078
复水性	2.522	0.028	0.011	0.003
多糖含量	12.889	6.586	0.511	0.162
干燥能耗	48 368	31 111.811	0.643	0.204
吸湿性	17.642	11.150	0.632	0.201

由表 3-22 可知，怀山药全粉的溶解度、多糖含量、干燥能耗及吸湿性所占权重较大，能客观体现怀山药全粉质量评价中这 4 个指标的相对重要情况，也表明这 4 个指标因干燥方式的不同而有较大差异，最能体现各干燥方式的优缺点。

由 5 种干燥方式制得的怀山药全粉的 9 个指标值及各指标占总指标的权重，计算出 5 种干燥方式制备的怀山药全粉各项指标的标准化值和品质的综合评分值，结果分别见表 3-23、表 3-24。

表 3-23 怀山药全粉各项指标的标准化值

指标名称	真空冷冻干燥	热风干燥	喷雾冷冻干燥	喷雾干燥	微波真空冷冻干燥
ΔL	1.100 658 514	−1.439 322 672	−0.559 736 595	1.157 102 54	−0.258 701 787
ΔE	1.736 411 02	−1.368 577 811	0.120 625 465	−0.199 553 239	−0.251 675 354
堆积密度	0.227 535 037	−1.225 061 83	1.422 093 982	0.605 111 294	−1.029 678 483
溶解度	−0.639 763 78	−0.844 816 273	0.159 940 945	1.882 381 89	−0.557 742 782
休止角	0.007 255 836	−0.987 382 873	0.741 495 981	−1.196 115 646	1.439 411 188
复水性	2.785 714 286	0.821 428 571	7.5	−10.607 142 86	−0.535 714 286
多糖含量	−0.136 501 67	−1.176 586 699	−0.068 174 916	1.837 883 389	−0.458 396 599
干燥能耗	−1.216 740 485	0.882 140 869	−0.948 353 665	1.355 273 083	−0.072 319 802
吸湿性	0.810 941 704	−1.005 201 794	0.470 134 529	−1.377 399 103	1.101 524 664

表 3-24 怀山药全粉品质的综合评分

指标名称	真空冷冻干燥	热风干燥	喷雾冷冻干燥	喷雾干燥	微波真空冷冻干燥
ΔL	0.007 704 61	−0.010 075 259	−0.003 918 156	0.008 099 718	−0.001 810 913
ΔE	0.116 339 538	−0.091 694 713	0.008 081 906	−0.013 370 067	−0.016 862 249
堆积密度	0.011 149 217	−0.060 028 03	0.069 682 605	0.029 650 453	−0.050 454 246
溶解度	−0.145 226 378	−0.191 773 294	0.036 306 595	0.427 300 689	−0.126 607 612
休止角	0.000 565 955	−0.077 015 864	0.057 836 687	−0.093 297 02	0.112 274 073
复水性	0.008 357 143	0.002 464 286	0.022 5	−0.031 821 429	−0.001 607 143
多糖含量	−0.022 113 271	−0.190 607 045	−0.011 044 336	0.297 737 109	−0.074 260 249
干燥能耗	−0.248 215 059	0.179 956 737	−0.193 464 148	0.276 475 709	−0.014 753 24
吸湿性	0.162 999 283	−0.202 045 561	0.094 497 04	−0.276 857 22	0.221 406 457
综合评分	−0.108 438 962	−0.640 818 743	0.080 478 193	0.623 917 942	0.047 324 878

由表 3-24 中 5 种干燥方式制得怀山药全粉的综合评分可知，喷雾干燥制备的怀山药全粉品质最优（综合评分：0.623 917 942），其次是喷雾冷冻干燥（综合评分：0.080 478 193）和微波真空冷冻干燥（综合评分：0.047 324 878），真空冷冻干燥次之（综合评分：−0.108 438 962），热风干燥（综合评分：−0.640 818 743）的怀山药全粉的品质最差。

3.6.4　小结

由 5 种干燥方式下各指标所占权重可以看出，溶解度、多糖含量、干燥能耗及吸湿性所占权重较大，不仅反映了各干燥方式的优缺程度，还可以此为理论依据用于预测类似的不同干燥方式比较试验中各指标权重的大小。

5 种干燥方式制得的怀山药全粉的品质：喷雾干燥>喷雾冷冻干燥>微波真空冷冻干燥>真空冷冻干燥>热风干燥。

第4章 怀山药微波真空联合干燥技术

联合干燥技术，也称为组合干燥技术，其研究是近几年才发展起来的，研究人员进行了多种组合干燥技术的探索和研究，如微波-热风组合干燥、射频-流化床组合干燥、太阳能-热泵组合干燥、塔式-就仓组合干燥等。联合干燥就是根据物料的干燥特点，集成两种或两种以上的干燥技术装备，实现节能、保质和高效干燥效果。如微波真空组合干燥，采用真空可以降低水的蒸发温度，使物料在较低的温度下快速蒸发，同时还可避免氧化，改善了干燥品质。因此，将微波技术与真空技术相结合就成为一项极具发展前景和实用价值的新技术。它不仅具有干燥速度快，时间短，物料温度低，色、味及有效成分保留好等优点，而且参数容易控制，能干燥多种不同类型的物料。

4.1 微波真空干燥技术概述

4.1.1 微波真空干燥技术的原理及特点

1. 微波真空干燥技术的原理

微波是具有穿透能力的电磁波。微波干燥利用的是介质损耗原理，水是强烈吸收微波的物质，因而其损耗因素比干物质大得多，能大量吸收微波能并转化为热能。物料中的水分子是极性分子，在微波作用下，其极性取向随着外加电场的变化而变化，微波场以每秒几亿次的高速周期性地改变外加电场的方向，使极性的水分子急剧摆动、碰撞，产生显著的热效应。微波与物料的作用是在物料内外同时进行，在物料表面，由于蒸发冷却的缘故，物料表层温度略低于里层温度，同时由于物料内部产生热量，以致内部蒸汽迅速产生，形成压力梯度，因而物料的温度梯度方向与水汽的排出方向一致，这就大大改善了干燥过程中的水分迁移条件，驱使水分流向表面，加快干燥速度。

微波的穿透能力可用穿透深度 H_T 来表示，所谓穿透深度是指入射能量衰减到

1/e 的深度，其值可按下式计算：

$$H_T \approx \frac{\lambda_0}{2\pi\sqrt{\varepsilon_r \times \tan\sigma}}$$　　　　　（4-1）

式中，λ_0 为波长；ε_r 为相对介电常数；$\tan\sigma$ 为介质损耗角因数。

　　由此可见，穿透深度与波长成正比，亦即与频率成反比，与相对介电常数和介质损耗角因数的平方根成反比，如 95℃的水在频率 915 MHz 的微波照射下，穿透深度是 29.5 cm，而在 2450 MHz 的微波照射下，只有 4.8 cm。可见 915 MHz 的微波可加工较厚较大的物料，2450 MHz 的微波适于加工较薄的物料。

　　真空干燥的机理是根据水和一般湿介质的热物理特性，在一定的介质分压力作用下，对应一定的饱和温度，真空度越大，湿物料所含的水或湿介质对应的饱和温度越低，越易汽化逸出而使物料干燥。在真空干燥中，当真空度加大，达到对应的相对较低的饱和温度时，水或湿介质就会剧烈地汽化。水或湿介质沸点温度的降低，加大了湿物料内外的推动力，加大了水分或湿介质由湿物料内部向表面移动和由表面向周围空气散发的速度，从而加快了干燥过程。

　　微波真空干燥技术综合了微波和真空的优点，由于加热干燥的物料处于真空之中，水的沸点降低，水分及水蒸气向表面迁移的速度更快。所以微波真空干燥既加快了干燥速度，又降低了干燥温度，具有快速、低温、高效等特点，也能较好地保留了食品原有的色、香、味和维生素等，热敏性营养成分或具有生物活性功能成分的损失大为减少，得到较好的干燥品质，且设备成本、操作费用相对较低。

2. 微波真空干燥技术的特点

综上所述，微波真空干燥主要有以下几方面的特点。

1）高效易控

微波真空干燥采用辐射传能，微波可以穿透至物料内部，使内外同时受热，无需其他传热媒介，所以传热速度快，效率高，干燥周期短，能耗低。又因其加热的能量控制无滞后现象，容易实施自动控制。

2）安全高质

微波不会给被加热物料带来不安全因素，其安全性得到了国际认可。微波真空干燥对物料中热敏感性成分及生物活性物质的保持率一般可达到 90%～95%，且微波真空干燥时间较冷冻干燥时间大大缩短，成品品质达到或超过冻干产品。

3）环保低耗

干燥过程中无有毒、有害物质，废水或气体的产生，生产环境清洁卫生。微波能源利用率高，对设备及环境不加热，仅对物料本身加热。运行成本比冻干降低 30%～40%，也低于红外干燥。

4）适应性强

微波真空干燥对形状复杂、初始含水量分布不均匀的物料也可进行较均匀的脱湿干燥。对热敏感高的物质，如一些生物药品，可采取微波与真空冷冻干燥相结合的方法，缩短干燥周期。

此外，微波还具有消毒、杀菌的功效。但在微波真空组合干燥过程中，由于微波功率、真空度或物料形状选择不当，可能会产生烧伤、边缘焦化、结壳和硬化等现象。同时，为保障设备使用的安全性，微波泄漏量应达到国际电工委员会（IEC）对微波安全性的要求。

4.1.2　微波真空干燥过程中的传热与传质

微波本身是一种能量形式而不是热量形式，但是在电介质中可以转化为热量。能量转换的机理有多种，如离子传导、偶极子转动、界面极化、磁、压电现象、核磁共振等。其中离子传导和偶极子转动是介质加热的主要机理。

离子传导：带电粒子在外电场作用下被加速，并沿着与它们极性相反的方向运动即定向迁移，在宏观上表现为传导电流。这些离子在运动过程中将与其周围的其他粒子发生碰撞，同时将动能传给被碰撞的粒子，使其运动加剧。如果物料处于高频交变电场中，物料中的粒子就会发生反复的变向运动，致使碰撞加剧，产生耗散热（或焦耳热），即发生了能量转化。

偶极子转动：根据电介质的极性可将电介质分为两类——非极性分子电介质和极性分子电介质。在外电场的作用下，由非极性分子组成的电介质分子的正负电荷将发生相对位移，形成沿着外电场作用方向取向的偶极子，因此在电介质的表面将出现正负相反的束缚电荷，在宏观上称该现象为电介质的极化，这种极化称为位移极化。而极性分子在外电场的作用下，每个分子均受到力矩的作用，使偶极子转动并取向外电场的方向，这种极化为转向极化。外电场强度越大，偶极子的排列越整齐。

当电介质置于交变的外电场中时，则含有非极性分子和极性分子的电介质都被反复极化，偶极子随电场的变化不断发生"取向"（从随机排列趋向电场方向）和"弛豫"（电场强度为零时，偶极子又回复到近乎随机的取向排列）排列。这样，由于分子原有的热运动和相邻分子之间的相互作用，分子随外电场转动的规则运动受到干扰和阻碍，产生"摩擦效应"，使一部分能量转化为分子热运动的动能，即以热的形式表现出来，使物料的温度升高，即电场能被转化为热能。

水是最典型的极性分子，湿的物料因为含有水分而成为半导体，此类物料，除转向极化外，还发生离子传导（一般水中溶解有盐类物质）。在微波频率范围，偶极子的转动占主要地位；低频率时，离子传导占主要地位。

图 4-1 表示了微波干燥和普通干燥（包括热风干燥和真空干燥等）过程中的热量传递的方向和水分迁移的方向。由图 4-1 可知，普通干燥时，湿物料的温度梯度和含水率梯度方向相反，即湿物料中的传热和传质方向相反。微波干燥时，湿物料的温度梯度和含水率梯度方向一致，即湿物料中的传热和传质方向是相同的。

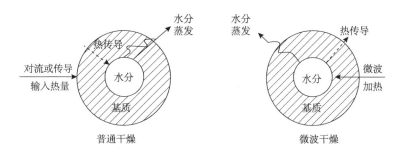

图 4-1　微波干燥与普通干燥机理比较

在微波真空干燥过程中，物料内部产出热量，传质推动力主要是物料内部迅速产生的蒸汽所形成的压力梯度。如果物料开始很湿，物料内部的压力升高得非常快，则液体可能在压力梯度的作用下从物料中被排出。初始湿含量越高，压力梯度对湿分排除的影响也越大，即有一种"泵"的效应，驱使液体流向表面。真空条件下，低压强使得水的沸点降低，加快了水分蒸发速度，同时由于蒸发冷却，物体表面温度要低于内部温度，加快了物料内的水分移动和蒸发速度。

4.1.3　微波真空干燥动力学模型

干燥是一个非常复杂的过程，既涉及复杂的热量、质量传递过程，又与物料的特性、物料的质量等密切相关。干燥动力学研究物料湿含量、温度随时间的变化规律，从宏观和微观上间接地反映了热量、质量的传递速率。研究干燥动力学数学模型对干燥过程操作、提高产品质量具有重要的意义。

对于热风干燥薄层物料，许多学者通过不同物料的研究，总结了 3 个经验数学模型来描述干燥动力学规律。

指数模型：$\qquad MR = \exp(-kt)$ （4-2）

单项扩散模型：$\qquad MR = a\exp(-kt)$ （4-3）

Page 方程：$\qquad MR = \exp(-kt^n)$ （4-4）

式中，$MR = (X_t - X_e)/(X_0 - X_e)$，为水分含量的比率，$X_t$ 为 t 时刻时样品的含水量，X_0 为样品的初始含水量，X_e 为达到吸附平衡时样品的含水量；k、a、n 为干燥常数。

（1）指数模型[公式（4-2）]是 Lewis 基于牛顿冷却定律建立的描述水分子运动的模型。指数模型主要考虑了物料表面边界层对水分扩散运动的阻力，忽略了内部水分子的运动。

（2）单项扩散模型[公式（4-3）]主要根据 Fick 第二定律，假设物料中的水分以液态水的形式从表面向外扩散，在干燥条件一定的情况下，只取扩散方程的前一项，则得到单项扩散模型。

（3）Page 方程[公式（4-4）]是公式（4-2）所作的修正，增加了时间 t 的一个指数。

微波真空干燥中水分的迁移包括液态水和气态水的同时迁移，而且以气态水的迁移为主，使用上面的三个方程来描述微波真空干燥动力学显然是不合适的。

Kiranoudis 等研究了微波真空干燥三种水果的干燥动力学，该研究应用了单项扩散模型，从经验的角度出发，找出影响干燥常数的主要影响因素，赋予它们各因素指数的乘积关系，$X_t = X_0\exp(-k_M t)$，$k_M = k_0 Q^{k_1} P^{k_3}$（$Q$ 为微波能大小，P 为压力，k_0 为与物料有关的常数，k_1 和 k_3 分别为微波能和压力指数），然后将实验结果回归得到各指数和未知常数。

东北大学王喜鹏（1996）对胡萝卜片微波真空干燥过程的特性进行了研究，建立了微波真空干燥理想状态下的理论动力学模型：

$$X_t = X_0 - \frac{Q_m}{M_0 r_p} t$$ （4-5）

式中，X_t 为 t 时刻样品的含水量；X_0 为样品初始含水量；Q_m 为物料吸收的微波能；M_0 为物料中固形物含量；r_p 为水在真空度为 5 kPa 时的气化潜热；t 为干燥时间。

实际生产中，影响微波真空组合干燥动力学的因素众多，如物料本身的物性差异、真空度的差异、微波穿透是否均匀、微波功率脉冲间隔、热损失及能量泄漏等。因此，对微波真空干燥动力学进行详细深入的研究，是微波真空组合干燥得以广泛应用的基础和前提。

4.1.4　微波真空干燥技术的应用研究

随着技术的进步和相应设备的完善，研究者在不同的领域展开了微波真空组合干燥的研究。例如，Wadsworth 等（1990）进行了微波真空干燥谷物的研究，得出在稻米水分降到 18% 之前，干燥速率与微波功率成正比，增加干燥压力，能提高干燥速率和干燥效率，并能降低稻米温度；Drouzas 和 Schubert（1996）进行了水果的微波真空干燥研究，结果表明，低温烘干水果可以得出较高的质量，微波干燥过程中不能温度过高；Yongsawatdigul 和 Gunasekaran（1996）研究了间隙脉冲微波真空加热干燥草莓，得出间歇脉冲干燥比连续干燥节能，产品质量也较好的结果；Drouzas 等（1999）研究了微波真空干燥果胶，建立了模型，提出了干燥速率常数 K 作为微波真空干燥的一个函数；Kaensup 等（2002）对辣椒进行了微波真空干燥的研究，设计了辣椒微波真空滚筒干燥机，并试验验证确定了最佳的滚筒转速；李瑜和许时婴（2004）研究了不同干燥方法对大蒜中硫代亚硫磺酸酯保留率和品质的影响，并得出了微波真空干燥大蒜的最佳工艺；姜元欣等（2004）研究了微波真空干燥南瓜渣，结果表明，提高微波功率可以大大提高干燥速度，增加压强可以提高干燥速度但会加快 β-胡萝卜素的失活；韩清华等（2006）利用微波真空干燥膨化技术加工苹果脆片，并建立了微波真空干燥苹果脆片感官质量的回归模型；李远志等（2005）研究了微波真空干燥酶解后的澄清型香蕉汁制作速溶香蕉粉的工艺，并得出了微波真空干燥后产品的多项指标均优于热风干燥产品的结论；孙丽娟和崔政伟（2007）对不同条件下微波真空干燥蜂蜜的干燥速率及样品温度的变化进行了测量和比较，并优化了干燥工艺条件；宋芸和崔政伟（2007）研究了胡萝卜片微波真空干燥过程中物料的收缩变形，探讨了各因素对胡萝卜片干燥变形的影响程度大小及因素之间的相互影响关系，并提出了胡萝卜收缩变形较小的微波真空干燥工艺参数的最佳组合；崔政伟和杨以清（2004）证明了微波真空干燥大蒜片的质量与冷冻产品的质量非常接近，比传统的热风干燥产品质量好得多；张国琛和毛志怀（2004）对扇贝柱进行了微波真空干燥试验，研究了微波真空干燥参数对扇贝柱物理和感观特性的影响规律，并与传统的自然干燥和热风干燥进行了对比分析；Sham 等（2001）研究了钙预处理、真空度和苹果品质对苹果片微波真空干燥的影响；Krulis 等（2005）分析了微波功率和草莓的初始水分对微波真空干燥草莓的影响；Quezada 和 Borquez（2005）将渗透预处理技术应用于草莓的微波真空干燥；Mousa 和 Farid（2002）进行了微波真空干燥香蕉片的研究，发现使用真空度能增加干燥效率，在物料含水量低时更加明显；李波等（2010）比较了微波真空干燥与热风干燥、真空干燥、冷冻干燥对双胞蘑菇片干燥特性和干燥品质的影响，得出了微波真空干燥后的双胞蘑菇片品质与冷冻干燥的非常接近并且明显优于热风干燥和真空干燥的结论。

4.1.5 影响微波真空干燥效果的重要因素

1. 物料的种类和大小

不同种类的物料因组织结构不同，水分在物料内部运动的途径不同，造成微波真空干燥的工艺也不尽相同。在微波真空干燥过程中，物料内部逐渐形成疏松多孔状，其内部的导热性开始减弱，即物料逐渐变成不良的热导体。随着微波真空干燥过程的进行，内部温度会高于外部，物料体积越大，其内外温度梯度就越大，内部的热传导不能平衡微波所产生的温差，使温度梯度大。因此，一般对物料进行预处理，得到较小的粒状或片状以改进干燥的效果。

2. 真空度

压力越低，水的沸点温度越低，物料中水分扩散速度越快。微波真空谐振腔内真空度的大小主要受限于击穿电场强度，因为在真空状态下，气体分子易被电场电离，而且空气、水汽的击穿场强随压力而降低；电磁波频率越低，气体击穿场强越小。气体击穿现象最容易发生在微波馈能耦合口及腔体内场强集中的地方。击穿放电的发生不仅会消耗微波能，而且会损坏部件并产生较大的微波反射，缩短磁控管使用寿命。如果击穿放电发生在食品表面，则会使食品焦煳，一般 20 kV/m 的场强就可击穿食品。所以正确选择真空度大小非常重要，真空度并非越高越好，过高的真空度不仅能耗增大，而且击穿放电的可能性增大。

3. 微波功率

微波有对物质选择性加热的特性。水是分子极性非常强的物质，较易受到微波作用而发热，因此含水量越高的物质，越容易吸收微波，发热也越快；当水分含量降低时，其吸收微波的能力也相应降低。一般在干燥前期，物料中水分含量较高，输入的微波功率对干燥效果的影响高些，可采用连续微波加热，这时大部分微波能被水吸收，水分迅速迁移和蒸发；在等速和减速干燥期间，随着水分的减少，需要的微波能也少，可采用间隙式微波加热，这样有利于减少能耗，也有利于提高物料干燥品质。

4.2　干燥方法对鲜切怀山药片干燥特性及品质的影响

4.2.1　引言

本节分别采用热风、真空及微波干燥方法对新鲜怀山药进行干燥试验研究，研究不同干燥方法对新鲜怀山药片干燥特性及干燥品质的影响，为怀山药的加工、保鲜和储藏提供技术支持。

4.2.2　试验材料与方法

4.2.2.1　材料与试剂

怀山药：从河南温县当地市场购得。选择个体完整、粗细均匀、表皮无霉、无病虫害、无损伤、肉质洁白的光皮长柱形新鲜怀山药。

试剂（分析纯）：葡萄糖、石油醚、无水乙醇、苯酚、浓硫酸。

4.2.2.2　试验仪器及设备

物料烘干试验台（GHS-Ⅱ型，黑龙江农业仪器设备修造厂）
自动恒温控制仪（GHS-Ⅱ型，黑龙江农业仪器设备修造厂）
真空干燥箱（DZF-6050 型，巩义市予华仪器有限公司）
循环水式真空泵（SHZ-DⅢ，巩义市英峪仪器厂）
紫外-可见分光光度计[WFZ UV-2008AH 型，尤尼柯（上海）仪器有限公司]
电子天平［BS223S 型，赛多利斯科学仪器（北京）有限公司］
恒温水浴锅（HH-S 型，江苏金坛市亿通电子有限公司）
微波真空干燥试验装置（HWZ-2B 型）（图 4-2）：该试验装置为河南科技大学食品与生物工程学院和广州微波能设备有限公司联合制造。干燥箱由控制面板、微波加热腔体、空间立体转动吊篮和真空泵等部分组成。微波加热源由 3 个微波管组成，每个微波管的功率为 850 W，实现了微波功率自动控制，微波功率为 100～2550 W；真空泵为水循环式真空泵，极限真空为 0.08 MPa。微波加热腔体内装有空间立体转动吊篮，带有 6 个物料盘，干燥过程中可试验物料的转动干燥，保证了干燥的均匀性。控制面板可进行微波功率及干燥时间的设置与控制、真空泵及空间立体转动吊篮转动的控制。干燥箱装有红外测温器，实现了物料的实时测温。

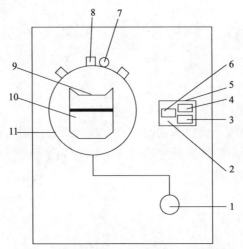

图 4-2　微波真空干燥试验装置示意图

1. 真空泵；2. 温度显示；3. 微波设置；4. 操作控制；5. 触摸屏控制面板；6. 时间控制；7. 红外测温器；
8. 微波发射器；9. 料盘；10. 空间立体转动装置；11. 微波加热腔体

4.2.2.3　试验方法

1. 干燥处理

1）热风干燥

在切片厚度为 5 mm、风速为 0.2 m/s 的条件下，考查风温（50℃、60℃和 70℃）对怀山药片干燥特性的影响。

在切片厚度为 5 mm、风温为 60℃的条件下，考查风速（0.2 m/s、0.4 m/s 和 0.6 m/s）对怀山药片干燥特性的影响。

2）真空干燥

在切片厚度为 5 mm、真空度为 0.08 MPa 的条件下，考查加热温度（60℃、70℃和 80℃）对怀山药片干燥特性的影响。

在切片厚度为 5 mm、加热温度为 60℃的条件下，考查真空度（0.07 MPa、0.08 MPa 和 0.09 MPa）对怀山药片干燥特性的影响。

3）微波干燥

在切片厚度为 5 mm、微波功率为 460 W 的条件下，考查单位质量微波功率（4 W/g、6 W/g 和 8 W/g）对怀山药片干燥特性的影响。

在切片厚度为 5 mm、单位质量微波功率为 6 W/g 的条件下，考查微波功率（320 W、460 W 和 600 W）对怀山药片干燥特性的影响。

2. 初始含水率的测定

采用《食品中水分的测定》（GB 5009.3—2010）常压加热干燥法测定。干燥速率公式如下：

$$V = \frac{\Delta m}{\Delta t} \qquad (4\text{-}6)$$

式中，V 为干燥速率（g/min）；Δm 为怀山药的质量变化量（g）；Δt 为时间间隔（min）。

3. 干燥终点的确定

根据国家食品药品监督管理总局（82）药储字第 17 号文件规定，怀山药的安全储存水分为 12%～17%，所以在试验中以含水率低于 17% 为干燥终点。

4. 复水率的测定

干制怀山药片于 10 倍水中室温浸泡 1 h 后取出，沥干表面水分，检查其复水前后质量比，复水率计算公式如下：

$$R_f = \frac{M_f - M_g}{M_g} \times 100\% \qquad (4\text{-}7)$$

式中，R_f 为复水率（%）；M_f 为样品复水后的质量（g）；M_g 为干制怀山药样品的质量（g）。

5. 山药多糖的提取测定

葡萄糖标准液：精密称取 105℃ 干燥至恒重的葡萄糖标准品 100 mg，加蒸馏水定容至 100 ml 的容量瓶中，配制成 1 mg/ml 的标准液。

绘制标准曲线：精密称取 0.10 ml、0.15 ml、0.20 ml、0.25 ml、0.30 ml、0.35 ml 的葡萄糖标准液于 25 ml 试管中，准确加蒸馏水至 1 ml，依次加入 5% 苯酚溶液 1 ml，浓硫酸 5 ml，100℃ 水浴 10 min，冷却后在 490 nm 处测吸光值。得到的标准曲线为 $y=0.2011x-0.0016$，$R^2 = 0.9994$。

干制怀山药 1 g→粉碎→ 50 ml 石油醚，60℃ 索式抽提 2 h（除脂）→过滤，弃滤液，滤渣用 50 ml 80% 的乙醇，60℃ 索式抽提 2 h（除单糖、多酚、低聚糖和皂苷等小分子）→过滤，弃滤液，滤渣用 50 ml 水索式抽提 2 次，每次 2 h→收集滤液，定容至 100 ml 的容量瓶中，苯酚-硫酸比色法测山药多糖含量。多糖得率公式：

$$\varepsilon = \frac{m_2}{m_1} \times 100\% \qquad (4\text{-}8)$$

式中，ε 为多糖得率（%）；m_2 为试验测定的多糖含量（g）；m_1 为试验所测样品的质量（g）。

4.2.3 结果与分析

4.2.3.1 干燥方法对鲜切怀山药片干燥特性的影响

1. 热风干燥对鲜切怀山药片干燥特性的影响

1）风温对鲜切怀山药片热风干燥特性的影响

图4-3、图4-4分别为风速0.2 m/s时，不同风温下的怀山药片热风干燥特性曲线和干燥速率曲线。

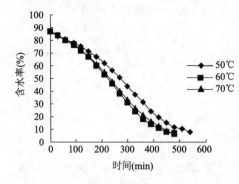

图4-3 不同温度下的热风干燥特性曲线　　图4-4 不同温度下的热风干燥速率曲线

　　由图4-3可以看出，普通温度50℃、60℃和70℃下的3条干燥曲线均连续、光滑，呈下降趋势，温度越高下降趋势越明显，干燥时间越短。由图4-4可知，热风干燥有明显的增速过程和降速过程，无恒速干燥过程。随着热风温度的升高，干燥速度越快，而且高温与低温影响的差别相当明显。

2）风速对鲜切怀山药片热风干燥特性的影响

图4-5、图4-6分别为风温60℃时，不同风速下的怀山药片热风干燥特性曲线和干燥速率曲线。

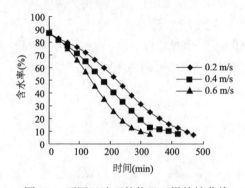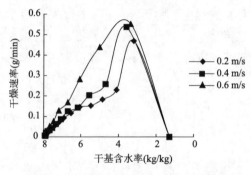

图4-5 不同风速下的热风干燥特性曲线　　图4-6 不同风速下的热风干燥速率曲线

　　由图 4-5 可知，在比较风速分别为 0.2 m/s、0.4 m/s 和 0.6 m/s 的 3 条干燥曲线后发现，风温一定时，风速对怀山药片的干燥特性影响很大，风速越高，干燥曲线越陡峭，干燥时间越短。由图 4-6 可知，怀山药片热风干燥没有恒速阶段，风温一定时，风速越大，干燥速率越大，不同风速对怀山药片的热风干燥速率影响差别特别明显。

2. 真空干燥对鲜切怀山药片干燥特性的影响

1）温度对鲜切怀山药片真空干燥特性的影响

　　图 4-7、图 4-8 分别为真空度 0.08 MPa 时，不同温度下的怀山药片真空干燥特性曲线和干燥速率曲线。

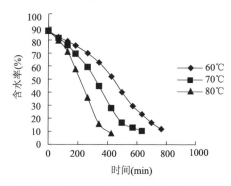

图 4-7　不同温度下的真空干燥特性曲线　　图 4-8　不同温度下的真空干燥速率曲线

　　由图 4-7 可知，当真空度一定，在干燥温度为 60℃、70℃和 80℃时，怀山药片的真空干燥时间随着温度的增加而明显缩短，温度越高，干燥曲线越陡峭。由图 4-8 可知，真空度一定时，温度越高，怀山药的真空干燥速率越高；怀山药片的真空干燥和热风干燥一样，没有恒速干燥过程，分析原因是怀山药表面水分含量大，热风干燥和真空干燥属于从物料表面向里逐渐干燥，所以干燥前期使怀山药表面的水分快速蒸发掉，而后期物料本身介质的阻碍使水分从里向外扩散得慢，致使干燥速度逐渐下降。

2）真空度对鲜切怀山药片真空干燥特性的影响

　　图 4-9、图 4-10 分别为温度 60℃时，不同真空度下的怀山药片真空干燥特性曲线和干燥速率曲线。

　　由图 4-9 可知，当干燥温度一定，在真空度为 0.07 MPa、0.08 MPa 和 0.09 MPa 时，怀山药的干燥时间随着真空度的升高而缩短。由图 4-10 可知，真空度越高，干燥速率越大，但是真空度对怀山药片真空干燥特性的影响没有温度对其的影响明显。

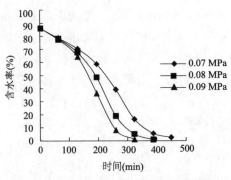
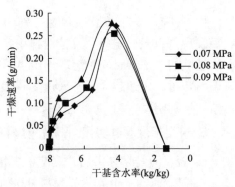

图 4-9 不同真空度下的真空干燥特性曲线　　图 4-10 不同真空度下的真空干燥速率曲线

3. 微波干燥对鲜切怀山药片干燥特性的影响

1）单位质量微波功率对鲜切怀山药片微波干燥特性的影响

图 4-11、图 4-12 分别为微波功率 460 W 时，不同单位质量微波功率下的怀山药片微波干燥特性曲线和干燥速率曲线。

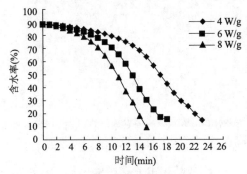
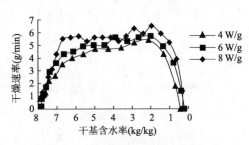

图 4-11　不同单位质量微波功率下的　　　图 4-12　不同单位质量微波功率下的
　　　　 微波干燥特性曲线　　　　　　　　　　　 微波干燥速率曲线

由图 4-11 可知，当微波功率、切片厚度一定时，单位质量微波功率分别为 4 W/g、6 W/g 和 8 W/g 时，单位质量微波功率对怀山药片的干燥速率影响很大，单位质量微波功率越高，干燥曲线越陡峭，所需干燥时间越短。由图 4-12 可知，微波干燥过程分升速、恒速和降速三个阶段。单位质量微波功率越大，升速阶段用时则越少，越早达到恒速阶段，恒速阶段的干燥速率也就越大。

2）微波功率对怀山药片微波干燥特性的影响

图 4-13、图 4-14 分别为单位质量微波功率 6 W/g 时，不同微波功率下的怀山药片微波干燥特性曲线和干燥速率曲线。

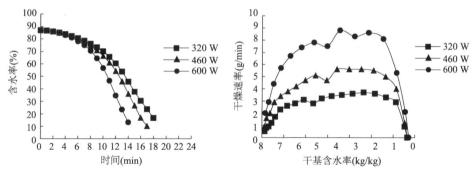

图 4-13　不同功率下的微波干燥特性曲线　　图 4-14　不同功率下的微波干燥速率曲线

由图 4-13 可知,在单位质量微波功率和切片厚度一定时,当微波功率为 320 W、460 W 和 600 W 时,微波功率越高,怀山药的干燥曲线变化越明显。由图 4-14 可知,微波功率对怀山药片干燥速率的影响很大,干燥功率越大,恒速干燥阶段的干燥速率越高。不同功率下,其干燥曲线非常相似,升速、恒速、降速 3 个干燥阶段非常明显。

4.2.3.2　干燥方法对鲜切怀山药片干燥品质的影响

1. 干燥方法对感官品质的影响

图 4-15 为热风干燥、真空干燥、微波干燥和微波真空干燥下的怀山药。

图 4-15　不同干燥方式下的怀山药(彩图请扫封底二维码)

由图 4-15 可知，热风干燥的样品品质最差，褐变及变形程度都要比其他几种干燥方法大；真空干燥的样品色泽最好，变形程度比热风干燥小，但比微波干燥大；微波干燥的样品变形程度最小，但是色泽泛黄，这是因干燥后期，物料温度高，出现泛油现象；微波真空干燥的样品整体品质是最好的，色泽和真空干燥一样，没有褐变及泛油现象，外观变形现象也很轻微。

2. 干燥方法对复水率的影响

图 4-16 为热风干燥、真空干燥和微波干燥 3 种干燥方法对怀山药片复水率的影响图。

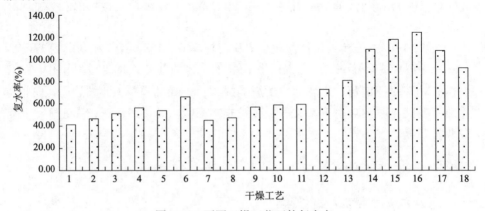

图 4-16　不同干燥工艺下的复水率

1. 50℃，0.2 m/s；2. 60℃，0.2 m/s；3. 70℃，0.2 m/s；4. 0.2 m/s，60℃；5. 0.4 m/s，60℃；6. 0.6 m/s，60℃；
7. 60℃，0.08 MPa；8. 70℃，0.08 MPa；9. 80℃，0.08 MPa；10. 0.07 MPa，60℃；11. 0.08 MPa，60℃；
12. 0.09 MPa，60℃；13. 4 W/g，460 W；14. 6 W/g，460 W；15. 8 W/g，460 W；16. 320 W，6 W/g；
17. 460 W，6 W/g；18. 600 W，6 W/g

由图 4-16 可知，怀山药的复水率在热风干燥中，随风速和风温的增大均呈上升趋势；在真空干燥中，随加热温度和真空度的增大也逐渐升高；在微波干燥中，随单位质量微波功率的增大而升高，随着微波功率的增加而减小，复水效果显著。比较 3 种干燥方法可知，微波干燥怀山药复水率最高，热风干燥与真空干燥差别不大。

3. 干燥方法对山药多糖得率的影响

图 4-17 为热风干燥、真空干燥和微波干燥对怀山药多糖得率的影响图。

由图 4-17 可知，怀山药多糖得率在热风干燥中，随风速增大而降低，随风温升高而增加。在微波干燥中，随单位质量微波功率增大而增加，随功率的升高而增加，多糖得率较热风干燥、真空干燥有显著提高；在真空干燥中，随加热温度的增大而略有降低，随真空度的增大而略有增加。比较可知，怀山药多糖得率高低为微波干燥＞真空干燥＞热风干燥。

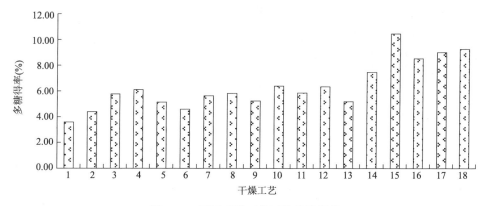

图 4-17　不同干燥工艺下的多糖得率

1. 50℃，0.2 m/s；2. 60℃，0.2 m/s；3. 70℃，0.2 m/s；4. 0.2 m/s，60℃；5. 0.4 m/s，60℃；6. 0.6 m/s，60℃；
7. 60℃，0.08 MPa；8. 70℃，0.08 MPa；9. 80℃，0.08 MPa；10. 0.07 MPa，60℃；11. 0.08 MPa，60℃；
12. 0.09 MPa，60℃；13. 4 W/g，460 W；14. 6 W/g，460 W；15. 8 W/g，460 W；16. 320 W，6 W/g；
17. 460 W，6 W/g；18. 600 W，6 W/g

　　由试验结果可知，真空干燥对物料品质影响不大，能较好地保留物料的营养成分；热风干燥在干燥过程中会造成营养成分的损失；微波干燥后物料的成分会增加，这就出现了一个问题：微波具有分解的功能，经微波干燥后，物料的功能性成分是否会发生变化，变化后是否还会具有其原有的营养与保健功能。

4.2.4　小结

　　（1）干燥动力学研究表明，同一干燥方法的不同干燥条件下，各水平的变化趋势十分明显，都能达到不同程度上的干燥效果，很好地表征了怀山药薄层干燥的特性；不同干燥方法中，不同的干燥方法干燥速率明显不同，其所用时间长短关系为真空干燥＞热风干燥＞微波干燥。可见，微波干燥怀山药片的干燥速率最快。

　　（2）感官品质研究表明，热风干燥的样品品质最差；真空干燥的样品外观色泽最好，但是变形比较严重；微波干燥的样品变形轻微，但因出现泛油现象而色泽变黄；微波真空组合干燥的样品品质最佳，既体现了真空干燥和微波干燥的优点，又解决了单一干燥下所出现的问题。

　　（3）复水率研究表明，同一种干燥方法下不同干燥条件的干燥怀山药片复水率比较得出，同一干燥方法不同干燥条件下的复水率均有明显变化；在不同干燥方法的干燥怀山药片复水率比较得出，复水率大小为微波干燥＞热风干燥＞真空干燥，其中热风干燥与真空干燥相差不大，微波干燥怀山药片的复水率最高。

（4）多糖得率试验表明，同一种干燥方法下不同干燥条件的干燥怀山药片多糖得率比较得出，在同一干燥方法不同干燥条件下的品质有明显变化；不同干燥方法的多糖得率比较得出，多糖得率高低为微波干燥＞真空干燥＞热风干燥。可见，微波干燥怀山药片的多糖得率最高。

4.3 鲜切怀山药片微波真空干燥试验研究

4.3.1 引言

通过 4.2 不同干燥方法的比较可知，热风干燥样品的品质最差；真空干燥样品的外观色泽最好，但是变形比较严重；微波干燥样品的变形轻微，但是因出现泛油现象而色泽变黄；微波真空组合干燥样品的品质最好，既体现了真空干燥和微波干燥的优点，又解决了单一干燥技术下所出现的问题。

本节以新鲜怀山药为原料，进行微波真空干燥试验，研究不同干燥处理条件对怀山药干燥特性及品质的影响，以期获得品质好、干燥速度快、成本较低的联合干燥方法，并得到怀山药微波真空干燥规律。

4.3.2 试验材料与方法

1. 材料与试剂

怀山药：从河南温县当地市场购得。选择个体完整、粗细均匀、表皮无霉、无病虫害、无损伤、肉质洁白的光皮长柱形新鲜怀山药。

试剂（分析纯）：葡萄糖、石油醚、无水乙醇、苯酚、浓硫酸、高氯酸、香草醛、乙酸、正丁醇、薯蓣皂苷、甲醇。

2. 试验仪器及设备

恒温水浴锅（HH-S 型，江苏金坛市亿通电子有限公司）

旋转蒸发仪（RE-52B 型，上海亚荣生化仪器厂）

其他设备同 4.2.2

3. 试验方法

1）微波真空干燥

由于微波真空干燥后期物料易出现局部高温焦化现象，经试验摸索，将微波真空干燥分两步进行。

（1）采用不同干燥条件进行连续干燥试验，干燥终点为水分除去 85% 时。

（2）调节干燥参数为：微波功率 800 W，真空度 0.08 MPa，进行间歇干燥，实际操作为加热 1 min 停 1 min，干燥至物料安全水分。

2）干燥试验

新鲜怀山药经清洗、削皮、切片后，称取 300 g 放入微波真空干燥箱中，设定微波功率，抽真空，当真空度降到试验值时开启微波，5 min 称重一次，记录数据，考查微波真空干燥条件对怀山药片干燥特性的影响。

（1）固定怀山药切片厚度为 6 mm、微波功率为 1600 W，考查真空度（0 MPa、0.02 MPa、0.04 MPa、0.06 MPa、0.08 MPa）对怀山药片微波真空干燥特性的影响。

（2）固定怀山药切片厚度为 6 mm、真空度为 0.08 MPa，考查微波功率（800 W、1200 W、1600 W、2000 W、2400 W）对怀山药片干燥特性的影响。

（3）固定微波功率为 1600 W、真空度为 0.08 MPa，考查切片厚度（2 mm、4 mm、6 mm、8 mm、10 mm）对怀山药片干燥特性的影响。

3）初始含水率的测定

初始含水率的测定同 4.2.2。

4）干燥终点的确定

干燥终点的确定同 4.2.2。

5）复水率的测定

复水率的测定同 4.2.2。

6）多糖的提取测定

多糖的提取测定同 4.2.2。

7）薯蓣皂苷的提取测定

薯蓣皂苷标准液：称取薯蓣皂苷对照品 5 mg 加甲醇溶解，转入 50 ml 容量瓶中，用甲醇定容，摇匀，配制成 0.1 mg/ml 的薯蓣皂苷标准液。

绘制标准曲线：分别吸取薯蓣皂苷标准液 0 ml、0.2 ml、0.4 ml、0.6 ml、0.8 ml、1.0 ml、1.2 ml 于具塞试管中，水浴挥干溶剂，再分别加 5% 香草醛-乙酸溶液 0.2 ml 和高氯酸 0.8 ml 混匀，密封，置于 60℃ 水浴中显色 15 ml，取出后立即冰水冷却 5 min，各加入乙酸 5.0 ml 摇匀，静置 10 min，以空白为参比，在 550 nm 处测吸光值。得到的标准曲线为 $y=0.3336x-0.0002$，$R^2=0.999$[式中，y 为皂苷含量（mg），x 为吸光值]。皂苷得率公式：

$$\gamma = \frac{m_2}{m_1} \times 100\% \tag{4-9}$$

式中，γ 为皂苷得率（%）；m_2 为试验测定的皂苷含量（g）；m_1 为试验样品的质量（g）。

干制怀山药 1 g→粉碎→50 ml 石油醚，60℃索式抽提 2 h（除脂）→过滤，弃滤液，滤渣用 50 ml 80%的乙醇，60℃索式抽提 2 h→过滤、滤液浓缩至 15 ml→加 5 ml 水饱和正丁醇萃取 3 次→正丁醇层浓缩至无醇味→甲醇溶解定容到 10 ml 容量瓶中，高氯酸-香草醛-乙酸反应比色法测薯蓣皂苷含量。

水饱和正丁醇溶液：在 150 ml 的分液漏斗中加入 21 ml 水和 100 ml 正丁醇，振摇 3 min 后，静置分层，除去下层，上层则为水饱和正丁醇溶液。

4.3.3 结果与分析

1. 干燥参数对鲜切怀山药片干燥特性的影响

1）微波功率对鲜切怀山药片干燥特性的影响

图 4-18、图 4-19 分别为真空度 0.08 MPa、切片厚度 6 mm 时不同微波功率的干燥曲线和干燥速率曲线。

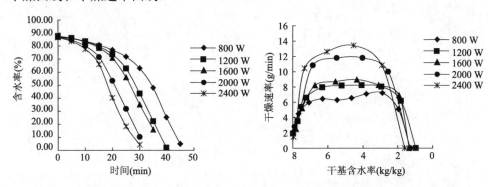

图 4-18　不同微波功率下的干燥曲线　　　图 4-19　不同微波功率下的干燥速率曲线

由图 4-18 可知，当微波功率为 800 W、1200 W、1600 W、2000 W 和 2400 W 时，微波真空干燥和热风干燥、微波干燥、真空干燥方法一样，是一个连续的干燥过程，水分含量随着干燥时间逐渐降低。微波功率对怀山药片的干燥速度影响很明显。微波功率越高，干燥曲线越陡峭，水分含量降得越快，所需干燥时间越短。由图 4-19 可知，怀山药片微波真空干燥过程中有较短的升速和降速阶段，恒速阶段最长；微波功率对怀山药片的干燥速率影响很明显，微波功率越高，干燥速率越大。

从图 4-19 可以看出，微波真空干燥的升速阶段很短，在干燥的第一时间点，其干燥速率就基本和恒速干燥阶段的干燥速率相等，分析原因，这种现象与微波干燥和真空干燥的特性有关。微波加热属于物料内外同时加热，物料表面水分因吸收微波能蒸发的同时，物料内部水分也因吸收微波能而向表面扩散，致使物料表面一致处于高湿度的状态；如果仅是微波加热的话，水分吸热升温也需要一个过程，使干燥前期干燥速率慢，但是在真空状态下，使物料提前进入了最大干燥速率阶段。在真空度为 0.08 MPa 时，水的沸点为 60℃，而在试验过程中发现，物料表面温度只需 3 min 就达到了 50℃，5 min 后就稳定在 60℃左右，使物料的水分蒸发速率最短时间内达到了最大化。

2）真空度对鲜切怀山药片干燥特性的影响

图 4-20、图 4-21 分别为微波功率 1600 W、切片厚度 6 mm 时不同真空度的干燥曲线和干燥速率曲线。

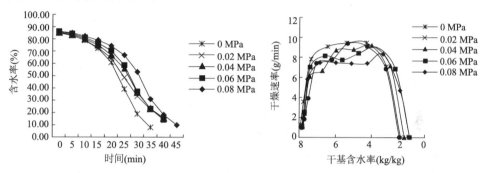

图 4-20　不同真空度下的干燥曲线　　　　图 4-21　不同真空度下的干燥速率曲线

由图 4-20 可知，功率、切片厚度一定时，在真空度分别为 0 MPa、0.02 MPa、0.04 MPa、0.06 MPa 和 0.08 MPa 的 5 条干燥曲线中，随着真空度的升高，干燥时间越短，这是因为随着真空度的升高水的沸点越来越低，而致使水分蒸发得越快，缩短了干燥时间。由图 4-21 可知，微波真空干燥有较短的升速和降速阶段，恒速阶段最长，随着真空度的升高，怀山药片微波真空干燥速率越大。

3）切片厚度对怀山药片干燥特性的影响

图 4-22、图 4-23 分别为微波功率 1600 W、真空度 0.08 MPa 时不同切片厚度的干燥曲线和干燥速率曲线。

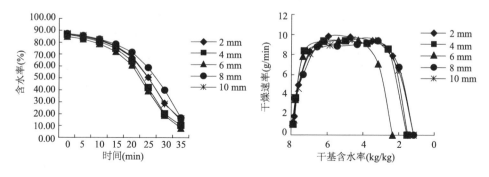

图 4-22　不同切片厚度下的干燥曲线　　　　图 4-23　不同切片厚度下的干燥速率曲线

由图 4-22 可知，微波功率、真空度一定时，在切片厚度为 2 mm、4 mm、6 mm、8 mm 和 10 mm 时，切片厚度对怀山药的微波真空干燥时间的影响不是太明显，随着切片厚度的增加，干燥时间基本不变。由图 4-23 可知，随着切片厚度的增加，怀山药片微波真空干燥的干燥速率基本相等，切片厚度对干燥速率的影响不明显。

2. 干燥参数对鲜切怀山药片感官品质的影响

图 4-24 为微波真空干燥下不同切片厚度的怀山药片，经多次试验验证，干燥后期所采用的微波功率和真空度对怀山药微波真空干燥品质几乎没有影响，因此对怀山药片感官品质影响最大的是切片厚度。

图 4-24　微波真空干燥的怀山药（彩图请扫封底二维码）

由图 4-24 可知，怀山药片切片越薄色泽越好，亮度越高，但是变形较严重；切片越厚外观变形越小，但色泽也越暗。

3. 干燥参数对鲜切怀山药片复水率的影响

1）微波功率对鲜切怀山药片复水率的影响

图 4-25 为干制怀山药片复水率与微波真空干燥参数微波功率的关系图。

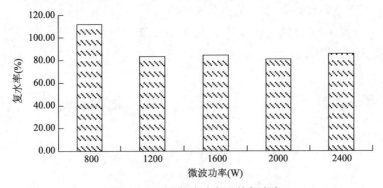

图 4-25　不同微波功率下的复水率

由图 4-25 可看出，800 W 时干制怀山药片的复水率最高，达到了 110%，而在 1200～2400 W，复水率基本不变，维持在 80%左右。

2）真空度对鲜切怀山药片复水率的影响

图 4-26 为干制怀山药片复水率与微波真空干燥参数真空度之间的关系图。

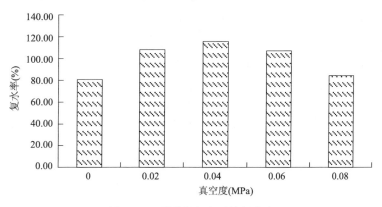

图 4-26 不同真空度下的复水率

由图 4-26 可看出，复水率随着真空度的减小而增加，到真空度为 0.04 MPa 时最大，之后逐渐减小，其复水率为 80%～120%。

3）切片厚度对鲜切怀山药片复水率的影响

图 4-27 为干燥怀山药片复水率与切片厚度之间的关系图。

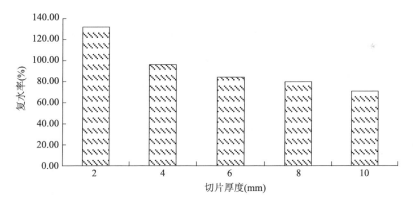

图 4-27 不同切片厚度下的复水率

由图4-27可看出，随着切片厚度增大，复水率逐渐减小，最高时达到 132%，最低为75%。分析原因为，切片薄时，干燥过程中水分从物料内部快速移出时所经历的路程短，对物料组织损害轻，使其复水率高；随着切片厚度的增加，水分快速移出物料的过程中对物料的损害增强，降低了物料的复水率。

4. 干燥参数对鲜切怀山药片多糖得率的影响

1）微波功率对鲜切怀山药片多糖得率的影响

图 4-28 为不同微波功率对怀山药片多糖得率的影响图。

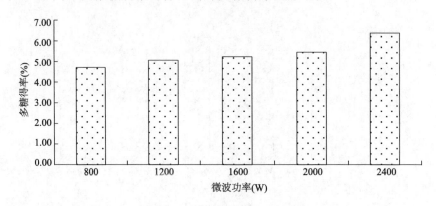

图 4-28　不同微波功率下的多糖得率

由图 4-28 可看出，随着微波功率的升高，多糖得率逐渐升高，多糖得率为 4.7%～6.4%。微波具有分解作用，怀山药中含有大量的淀粉，淀粉又分为溶于水的直链淀粉和不溶于水的支链淀粉，支链淀粉在外电场的作用下，发生解链现象，形成溶于水的直链淀粉，这也许是造成多糖得率随着微波功率的增加而逐渐增加的一个主要原因。

2）真空度对鲜切怀山药片多糖得率的影响

图 4-29 为不同真空度对怀山药片多糖得率的影响图。

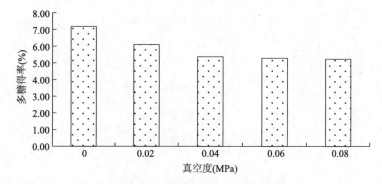

图 4-29　不同真空度下的多糖得率

由图 4-29 可知，随着真空度的降低，怀山药片的多糖得率逐渐下降，得率为 5.0%～7.1%。这是因为真空度越低，干燥过程中物料的内部压力就会越大，淀粉分解现象越少。

3）切片厚度对鲜切怀山药片多糖得率的影响

图 4-30 为不同切片厚度对怀山药片多糖得率的影响图。

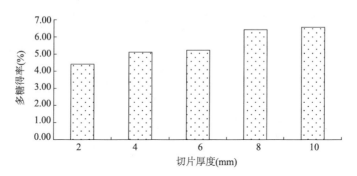

图 4-30　不同切片厚度下的多糖得率

由图 4-30 可知，随着切片厚度的增加，怀山药多糖得率升高，但是当切片厚度达到 8 mm 以后，多糖得率增加减缓，其多糖得率为 4.4%～6.6%。

5. 干燥参数对鲜切怀山药片皂苷得率的影响

1）微波功率对鲜切怀山药片皂苷得率的影响

图 4-31 为不同微波功率对怀山药片皂苷得率的影响图。

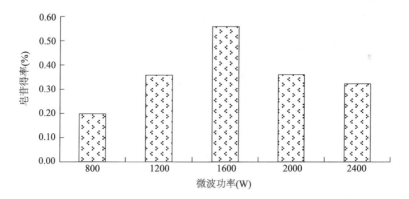

图 4-31　不同微波功率下的皂苷得率

由图 4-31 可知，怀山药皂苷得率随着微波功率的升高而逐渐增加，当微波功率为 1600 W 时达到最高，为 0.56%；之后又随着微波功率升高而下降，皂苷得率为 0.2%～0.56%。微波属于电磁波，在微波场中能加速介质质点的运动，使之更易溶于水。在干燥过程中，由于微波的作用，一部分皂苷提前溶解于怀山药的自由水中，间接地增加了皂苷提取时的提取率；同时微波也具有分解功能，随着功率的增加而增强，当微波的分解能力大于辅助增加提取能力时，皂苷得率就会下降。

2）真空度对鲜切怀山药片皂苷得率的影响

图 4-32 为不同真空度对怀山药片皂苷得率的影响图。

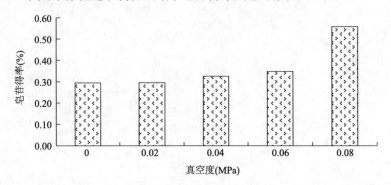

图 4-32　不同真空度下的皂苷得率

由图 4-32 可知，随着真空度的降低，皂苷得率缓慢上升，当真空度为 0.08 MPa 时，皂苷得率急剧上升。皂苷得率为 0.29%～0.56%。这可能是因为随着真空度的升高，物料温度越低，微波处理时间越短，皂苷的分解、挥发现象越轻微；当真空度为 0.08 MPa 时，物料的温度维持在 60℃左右，可能是在这个温度下皂苷还未大量分解、挥发而造成了皂苷含量急剧上升。

3）切片厚度对鲜切怀山药片皂苷得率的影响

图 4-33 为不同切片厚度对怀山药片皂苷得率的影响图。

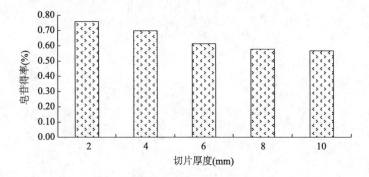

图 4-33　不同切片厚度下的皂苷得率

由图 4-33 可知，切片越薄，怀山药的皂苷得率越高，随着切片厚度的增加，皂苷得率逐渐降低。皂苷得率为 0.56%～0.77%。

4.3.4　小结

（1）干燥动力学研究表明，微波真空干燥过程中，水分随着干燥时间的增加持续减少；干燥的三个阶段中，微波真空干燥的升速阶段基本没有，在很短的时间达到了恒速阶段；干燥速率随着微波功率的增大逐渐增加，随着真空度的上升逐渐增加，但是切片厚度对干燥速率的影响不大。

（2）感官品质研究表明，微波功率和真空度对怀山药的感官品质影响不大，切片厚度对感官品质的影响较大。切片越薄，色泽越亮，但是变形现象越严重；切片越厚，色泽越暗，当厚度增加到 6 mm 后，基本不再变形。

（3）复水率研究表明，复水率随着微波功率的增大而降低，但是在微波功率达到 1200 W 以后基本不再变化；随着真空度的增加逐渐升高，到真空度为 0.04 MPa 时达到最高，之后逐渐下降；随着切片厚度的增加逐渐降低。

（4）多糖得率研究表明，多糖得率具有明显的规律性。随着微波功率的增大而升高；随着真空度的上升而上升；随着切片厚度的增加而增加。

（5）皂苷得率研究表明，皂苷得率随着微波功率的增大逐渐升高，到 1600 W 时达到最高，之后逐渐降低；随着真空度的降低，前期变化缓慢，当到真空度为 0.08 MPa 时急剧上升；随着切片厚度的增加逐渐降低。

4.4　鲜切怀山药片微波真空干燥数学模型的建立

4.4.1　引言

干燥是加工过程的重要环节，已广泛应用于食品、化工、医药及农副产品加工等行业。随着干燥技术的不断发展，使用数学模型来表述或描述干燥过程已成为干燥研究领域的重要内容，利用干燥模型对干燥进程、干燥效果进行预测也已成为指导试验及生产的重要手段，对干燥理论的发展及应用具有十分重要的现实意义。

本节以 4.3 的试验结果数据为基础，拟建立与微波功率及真空度有关的怀山药片微波真空薄层干燥模型，并对其进行评价，以期得到用来描述怀山药微波真空干燥中水分比变化规律的数学模型。

4.4.2　试验材料与方法

1. 试验材料

怀山药：从河南温县当地市场购得。选择个体完整、粗细均匀、表皮无霉、无病虫害、无损伤、肉质洁白的光皮长柱形新鲜怀山药。

2. 试验仪器及设备

物料烘干试验台（GHS-Ⅱ型，黑龙江农业仪器设备修造厂）

电子天平[BS223S 型，赛多利斯科学仪器（北京）有限公司]

微波真空干燥设备（HWZ-2B 型，广州兴兴微波能设备有限公司）

3. 试验方法

怀山药经清洗、削皮、切片（厚度 6 mm）处理后，称取 300 g 放入微波真空干燥箱中，设定微波功率，抽真空，当真空度降到试验值时，开启微波，5 min 称重一次。分别研究微波功率和真空度对怀山药微波真空干燥特性的影响。

微波功率：800 W、1200 W、1600 W、2000 W、2400 W（真空度 0.08 MPa）。

真空度：0.02 MPa、0.04 MPa、0.06 MPa、0.08 MPa（微波功率 1600 W）。

由于微波真空干燥后期物料易出现局部高温焦化现象，为避免出现此现象以保证物料干燥品质，经研究摸索将微波真空干燥分两步骤进行。

（1）采用不同干燥条件连续干燥物料，干燥至物料水分除去 85%时，停止干燥，此时怀山药的含水率为 50%，干基含水率为 1。

（2）调节干燥参数为：微波功率 800 W，真空度 0.08 MPa，进行间歇干燥，实际操作为加热 1 min 停 1 min，干燥至物料安全储存水分[根据国家食品药品监督管理总局（82）药储字第 17 号文件规定，怀山药的安全储存水分为 12%～17%]。

经试验得出，此方法干燥出来的物料品质较好，不会出现焦化现象。

利用这 8 组干燥曲线建立怀山药的薄层干燥模型。采用 DPS 数据处理系统进行分析和回归。

水分比（MR）用于表示一定干燥条件下物料还有多少水分未被干燥除去，可以用来反映物料干燥速率的快慢。计算公式为

$$MR = \frac{M_t - M_e}{M_0 - M_e} \quad\quad (4\text{-}10)$$

式中，M_t 为物料在 t 时刻的含水率（干基%）；M_0 为物料的初始含水率（干基%）；M_e 为物料的平衡含水率（干基%）。

4.4.3　结果与分析

1. 干燥模型的建立

首先对 8 组干燥曲线处理，以 t 为横坐标，MR 为纵坐标，在坐标系上作图，如图 4-34、图 4-35 所示。由于试验过程是分两步骤进行的，而第二步骤属于间歇

干燥，干燥时间与水分比的关系无法确立，因此，建立的模型用于表征物料前期的连续干燥过程，怀山药的干燥终点为干基含水率为 1。图 4-34、图 4-35 分别为不同干燥条件下时，物料水分除去 85% 时的 MR-t 关系图。

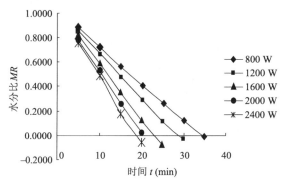

图 4-34　不同微波功率下的 MR-t 分布

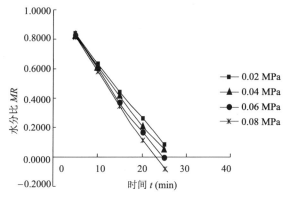

图 4-35　不同真空度下的 MR-t 分布

由图 4-34、图 4-35 可知，怀山药微波真空干燥过程中在水分除去 85% 以前，水分比与时间的线性关系非常明显。对曲线进行线性回归，得到 8 个线性回归方程，相关系数 R^2 见表 4-1，R^2 为 0.999~0.9996，平均值为 0.998 55，表明 MR 与 t 呈良好的线性关系，不需要套用经验模型[分别对 MR 和 t 进行求对数，使 ln（$-$lnMR）与 ln$t$ 呈线性关系]，因此 MR 与 t 的关系式为

$$MR = k + Nt \tag{4-11}$$

式中，k、N 为系数。

表 4-1　各组干燥曲线的相关系数

相关系数	微波功率（W）（真空度 0.08 MPa）					真空度（MPa）（功率 1600 W）		
	800	1200	1600	2000	2400	0.02	0.04	0.06
R^2	0.999	0.9988	0.9986	0.9996	0.9972	0.9992	0.9977	0.9983

　　将图4-34拟合的5条直线斜率N对功率W作图，如图4-36所示。对N和W进行线性回归，R^2为0.987 142，所以N与W也呈线性关系，其线性关系式为

$$N = a_1 + a_2 W \qquad (4\text{-}12)$$

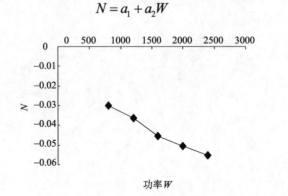

图 4-36　N-W 关系曲线

　　将图4-34中5条直线方程中的系数K对W作图，结果为一曲线。但是把N除以K再对W作图，如图4-37所示，可以看出$\dfrac{N}{K}$和W呈较好的线性关系，进行线性回归，R^2为0.989 43。因此可得方程式：

$$\frac{N}{K} = b_1 + b_2 W \qquad (4\text{-}13)$$

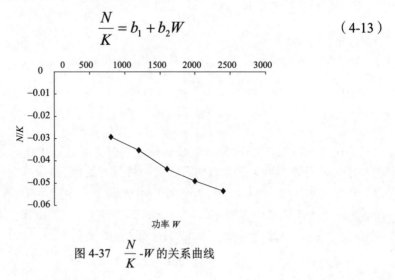

图 4-37　$\dfrac{N}{K}$-W 的关系曲线

　　如果用$\dfrac{N}{K}$来代替k，可得方程式：

$$k = b_1 + b_2 W \qquad (4\text{-}14)$$

公式（4-11）可变为

$$MR = \frac{N}{K} + Nt \qquad （4-15）$$

得

$$MR = N(\frac{1}{K} + t) \qquad （4-16）$$

将图 4-35 中拟合的 4 条直线斜率 N 对真空度 P 作图，如图 4-38 所示。对 N 和 P 线性回归，得 R^2 为 0.981 736，N 与 P 也呈线性关系，其线性关系式为

$$N = c_1 + c_2 P \qquad （4-17）$$

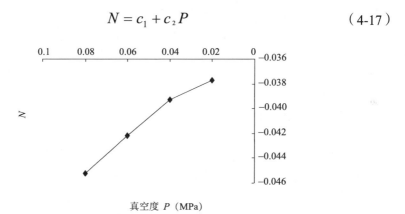

图 4-38　$N\text{-}P$ 的关系曲线

利用图 4-34 中求得的 K 对 P 作图，如图 4-39 所示，发现两者呈良好的线性关系，线性回归的 R^2 为 0.993 062，可得线性方程：

$$K = d_1 + d_2 P \qquad （4-18）$$

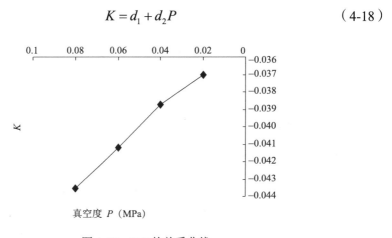

图 4-39　$K\text{-}P$ 的关系曲线

综上，斜率 N 分别与 W 和 P 呈线性关系，K 与 W 和 P 也呈线性关系，因此，综合公式（4-12）和公式（4-17）可得

$$N = d_1 + d_2 W + d_3 P \qquad （4-19）$$

综合公式（4-14）和公式（4-18）可得

$$K = d_4 + d_5 W + d_6 P \qquad （4-20）$$

将公式（4-19）和公式（4-20）带入公式（4-16），可得 MR 的薄层模型方程为

$$MR = (d_1 + d_2 W + d_3 P)\left(\frac{1}{d_4 + d_5 W + d_6 P} + t \right) \qquad （4-21）$$

2. 模型参数的确定

将图 4-36 和图 4-38 回归所得的 N 与 W 和 P 进行多元线性回归，可得

$$N = 0.103\,2P - 1.628\,6 \times 10^{-5} W - 0.009\,73 \qquad （4-22）$$
$$(R^2 = 0.981\,989)$$

将图 4-37 和图 4-39 回归所得的 K 与 W 和 P 进行多元线性回归，可得

$$K = 0.089\,3P - 1.566\,5 \times 10^{-5} W - 0.010\,24 \qquad （4-23）$$
$$(R^2 = 0.985\,625)$$

即水分比预测模型为

$$MR = (0.103\,2P - 1.628\,6 \times 10^{-5} W - 0.009\,73)\left(\frac{1}{0.089\,3P - 1.566\,5 \times 10^{-5} W - 0.010\,24} + t \right)$$

3. 模型方程的验证

在真空度0.08 MPa 下，不同微波功率条件下的干燥曲线试验结果和模型值如图 4-40 所示，在微波功率为 1600 W 下，不同真空度条件下的干燥曲线试验结果和模型值如图 4-41 所示。由图 4-40 和图 4-41 可知，图中的模型值和实测值拟合较好，说明该模型具有较好的预测性，能很好地描述和表达怀山药微波真空干燥规律。

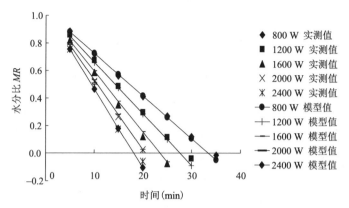

图 4-40　不同微波功率下的干燥曲线

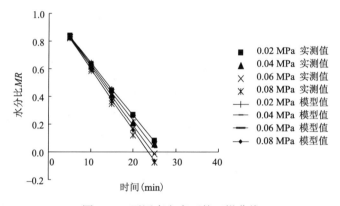

图 4-41　不同真空度下的干燥曲线

4.4.4　小结

为了很好地描述和预测怀山药微波真空干燥过程中水分的变化规律，建立了与微波功率和真空度有关的怀山药微波真空干燥 *MR-t* 数学模型。模型如下：

$$MR = (0.103\,2P - 1.628\,6 \times 10^{-5}W - 0.009\,73)\left(\dfrac{1}{0.089\,3P - 1.566\,5 \times 10^{-5}W - 0.010\,24} + t\right)$$

根据试验内容，模型的适用范围为装载量 300 g，切片厚度 6 mm，0.02 MPa≤真空度<0.08 MPa，800 W<微波功率≤2400 W，干燥终点为水分除去 85%。

经模型值与试验值的拟合比较，该模型能较好地描述和表达怀山药微波真空干燥过程中水分比的变化规律。

4.5 鲜切怀山药片微波真空干燥工艺的优化

4.5.1 引言

本节以新鲜怀山药为原料，通过三因素二次通用旋转组合试验设计，进行怀山药片的微波真空干燥试验，建立耗能功效、多糖含量、皂苷含量、干燥速率及复水率的回归方程并进行显著性检验，以期得到怀山药的最佳微波真空干燥工艺。

4.5.2 试验材料与方法

4.5.2.1 材料与试剂

怀山药：从河南温县当地市场购得。选择个体完整、粗细均匀、表皮无霉、无病虫害、无损伤、肉质洁白的光皮长柱形新鲜怀山药。

试剂（分析纯）：葡萄糖、石油醚、无水乙醇、苯酚、浓硫酸、高氯酸、香草醛、乙酸、正丁醇、薯蓣皂苷、甲醇。

4.5.2.2 试验仪器及设备

试验仪器及设备同 4.2.2。

4.5.2.3 试验方法

1. 微波真空干燥

微波真空干燥同 4.2.2。

2. 数据的测定

数据的测定同 4.2.2。

3. 二次通用旋转组合试验设计

1）因素水平编码表的编制

通过单因素试验得出真空度、微波功率和切片厚度对怀山药的干燥影响显著，因此，选择微波功率、真空度和切片厚度为试验研究因素，微波功率的取值为 800 W $\leqslant X_1 \leqslant$ 2400 W，真空度的取值为 0 MPa $\leqslant X_2 \leqslant$ 0.08 MPa，切片厚度的取值为 2 mm $\leqslant X_3 \leqslant$ 10 mm，若 x_{2j}、x_{1j} 分别表示 x_j 的上水平和下水平，则

$$x_{0j} = \frac{1}{2}(x_{1j} + x_{2j}) \qquad (4\text{-}24)$$

为 x_j 的零水平，变化区间为

$$\Delta_j = \frac{1}{r}(x_{2j} - x_{0j}) \qquad (4\text{-}25)$$

则通过变换

$$z_j = \frac{x_j - x_{0j}}{\Delta_j} \qquad (4\text{-}26)$$

因素水平编码表见表 4-2。

表 4-2 微波真空干燥工艺优化的因素水平编码表

X （编码空间）	因素（实际空间）		
	Z_1 微波功率（W）	Z_2 真空度（MPa）	Z_3 切片厚度（mm）
1.682（z_{2j}）	2400	0.08	10
1（$z_{0j}+\Delta_j$）	2075	0.0638	8.38
0（z_{0j}）	1600	0.04	6
−1（$z_{0j}-\Delta_j$）	1125	0.0162	3.62
−1.682（z_{1j}）	800	0	2
Δ_j	475	0.0238	2.38

2）三因素二次回归通用旋转组合设计试验方案

二次回归通用旋转组合设计是通过组合设计来实现的，n 个试验点由 3 类试验点组合而成：

$$n = m_c + m_r + m_0 = m_c + 2p + m_0 \qquad (4\text{-}27)$$

式中，n 个试验点分布在 3 个半径不相等的球面上；m_c 个点分布在半径为 $\rho_c = p$ 的球面上（p 为试验参数的个数）；$2p$ 个点分布在半径为 $\rho_r = r$ 的球面上；m_0 个点分布在半径为 $\rho_0 = 0$ 的球面上。

由 $p=3$ 查表得 $m_0 = 6$，$n = 20$，$r = 1.682$。

二次通用旋转组合试验设计具体的参数和试验次数见表 4-3。

表 4-3 微波真空干燥工艺优化的试验次数设计

因素个数	m_c	星号臂	$2p$	m_0	试验总次数 n
3	8	1.682	6	6	20

根据上述因素水平编码表和试验次数设计，设计的总体试验方案见表4-4。

表 4-4　微波真空干燥工艺优化的三因素二次回归通用旋转组合设计试验方案

试验号	Z_1	Z_2	Z_3
1	1	1	1
2	1	1	−1
3	1	−1	1
4	1	−1	−1
5	−1	1	1
6	−1	1	−1
7	−1	−1	1
8	−1	−1	−1
9	−1.682	0	0
10	1.682	0	0
11	0	−1.682	0
12	0	1.682	0
13	0	0	−1.682
14	0	0	1.682
15	0	0	0
16	0	0	0
17	0	0	0
18	0	0	0
19	0	0	0
20	0	0	0

利用方差分析，进行回归方程的拟合度检验和显著性检验，可将不显著项直接剔除，使预测模型方程简化。分析三因素及其交互作用对各指标的影响，由此确定各因素的最佳工艺参数，并在此基础上进行验证试验。

4.5.3　结果与分析

以多糖得率和皂苷得率为指标，采用二次通用旋转组合试验设计方法设计了怀山药片的微波真空干燥回归试验，回归试验结果见表4-5。

表 4-5　微波真空干燥工艺优化的三因素二次通用旋转组合设计试验结果

试验号	Z_1 微波功率（W/g）	Z_2 真空度（MPa）	Z_3 切片厚度（mm）	Y_1 多糖得率（%）	Y_2 皂苷得率（%）	Y_3 复水率（%）
1	1	1	1	6.77	0.28	50.00
2	1	1	−1	5.45	0.34	68.52
3	1	−1	1	7.85	0.21	40.91
4	1	−1	−1	6.25	0.26	66.67
5	−1	1	1	6.09	0.28	35.35
6	−1	1	−1	4.8	0.34	64.29
7	−1	−1	1	7.04	0.21	45.45
8	−1	−1	−1	5.68	0.26	61.33
9	−1.682	0	0	5.06	0.12	61.54
10	1.682	0	0	6.55	0.13	71.88
11	0	−1.682	0	7.18	0.35	44.12
12	0	1.682	0	5.38	0.47	51.85
13	0	0	−1.682	4.63	0.41	77.78
14	0	0	1.682	6.81	0.31	32.43
15	0	0	0	5.45	0.32	68.00
16	0	0	0	5.33	0.31	65.63
17	0	0	0	5.37	0.33	63.64
18	0	0	0	5.42	0.34	66.67
19	0	0	0	5.29	0.33	61.76
20	0	0	0	5.35	0.32	65.63

1. 回归模型

根据 20 次试验得出的各指标试验结果，采用 DPS 软件进行处理，多糖得率、皂苷得率和复水率的回归模型如下。

多糖得率模型：

$$Y_1 = 5.359\,56 + 0.381\,9Z_1 - 0.493\,3Z_2 + 0.676\,3Z_3 + 0.211\,8Z_1^2 + 0.379\,7Z_2^2 \atop + 0.181\,7Z_3^2 - 0.062\,5Z_1Z_2 + 0.033\,75Z_1Z_3 - 0.043\,75Z_2Z_3 \qquad (4\text{-}28)$$

皂苷得率模型：

$$Y_2 = 0.325\,78 + 0.001\,23Z_1 + 0.036\,74Z_2 - 0.028\,42Z_3 - 0.075\,82Z_1^2 \atop + 0.024\,94Z_2^2 + 0.007\,26Z_3^2 - 0.002\,5Z_2Z_3 \qquad (4\text{-}29)$$

复水率模型：

$$Y_3 = 65.323 + 2.934Z_1 + 1.0105Z_2 - 11.8892Z_3 - 0.1359Z_1^2 - 6.7561Z_2^2 \atop - 4.2388Z_3^2 + 1.885Z_1Z_2 + 0.4425Z_1Z_3 - 1.1025Z_2Z_3 \qquad (4\text{-}30)$$

式中，Y_1、Y_2、Y_3 分别为怀山药的多糖得率、皂苷得率、复水率；Z_1、Z_2、Z_3 分别为自变量真空度、微波功率和切片厚度的编码值。

2. 模型显著性检验

对各回归方程进行方差分析，结果见表 4-6、表 4-7、表 4-8，根据方差分析，进行回归方程的拟合度和显著性检验。

表 4-6　微波真空干燥工艺怀山药多糖得率回归方程的方程检验表

检验类别	方差来源	平方和	自由度	均方	F	显著水平
	Z_1	18.408 7	1	18.408 7	576.295 97	$\alpha=0.01$
	Z_2	30.713 7	1	30.713 7	961.510 91	$\alpha=0.01$
	Z_3	57.725 4	1	57.725 4	1 807.127 07	$\alpha=0.01$
	Z_1^2	5.971 7	1	5.971 7	186.948 79	$\alpha=0.01$
系数检验	Z_2^2	19.199 7	1	19.199 7	601.057 19	$\alpha=0.01$
	Z_3^2	4.397 0	1	4.397 0	137.651 50	$\alpha=0.01$
	Z_1Z_2	0.002 9	1	0.002 9	0.090 41	不显著
	Z_1Z_3	0.084 2	1	0.084 2	2.636 21	不显著
	Z_2Z_3	0.141 5	1	0.141 5	4.429 85	不显著
失拟检验	失拟	0.302 1	5	0.031 9	17.482	不失拟
	误差	0.017 3	5	0.003 5		
方程检验	回归	14.347 1	9	1.594 1	49.905	$\alpha=0.01$
	剩余	0.319 4	10	0.031 9		
	总和	14.666 6	19			

注：$F_{0.01}(1,10)=10.04$，$F_{0.01}(9,10)=4.94$

表 4-7　微波真空干燥工艺怀山药皂苷得率回归方程的方程检验表

检验类别	方差来源	平方和	自由度	均方	F	显著水平
	Z_1	0	1	0	0.188 28	不显著
	Z_2	0.041 6	1	0.041 6	167.627 08	$\alpha=0.01$
	Z_3	0.024 9	1	0.024 9	100.304 72	$\alpha=0.01$
	Z_1^2	0.186 8	1	0.186 8	753.158 98	$\alpha=0.01$
系数检验	Z_2^2	0.020 2	1	0.020 2	81.502 46	$\alpha=0.01$
	Z_3^2	0.001 7	1	0.001 7	6.913 44	$\alpha=0.05$
	Z_1Z_2	0	1	0	0	不显著
	Z_1Z_3	0	1	0	0	不显著
	Z_2Z_3	0.000 1	1	0.000 1	0.454 55	不显著

续表

检验类别	方差来源	平方和	自由度	均方	F	显著水平
失拟检验	失拟	0.001 9	5	0.000 4	4	不失拟
	误差	0.000 6	5	0.000 1		
方程检验	回归	0.129 8	9	0.014 4	58.164	$\alpha=0.01$
	剩余	0.002 5	10	0.000 2		
	总和	0.132 3	19			

注：$F_{0.01}$（1,10）=10.04，$F_{0.05}$（1,10）=4.96，$F_{0.01}$（9,10）=4.94

表 4-8　微波真空干燥工艺怀山药复水率回归方程的方程检验表

检验类别	方差来源	平方和	自由度	均方	F	显著水平
系数检验	Z_1	487.001	1	487.001	23.861 53	$\alpha=0.01$
	Z_2	57.765 9	1	57.765 9	2.830 35	不显著
	Z_3	7 996.587 2	1	7 996.587 2	391.807 88	$\alpha=0.01$
	Z_1^2	1.100 5	1	1.100 5	0.053 92	不显著
	Z_2^2	2 724.821 5	1	2 724.821 5	133.507 77	$\alpha=0.01$
	Z_3^2	1 072.578 5	1	1 072.578 5	52.553 01	$\alpha=0.01$
	Z_1Z_2	117.749 8	1	117.749 8	5.769 37	$\alpha=0.05$
	Z_1Z_3	6.488 8	1	6.488 8	0.317 93	不显著
	Z_2Z_3	40.280 5	1	40.280 5	1.973 62	不显著
失拟检验	失拟	179.459 5	5	35.891 9	7.285	不失拟
	误差	24.635 1	5	4.927 0		
方程检验	回归	2 955.536 7	9	328.393 0	16.080	$\alpha=0.01$
	剩余	204.094 6	10	20.409 5		
	总和	3 159.631 4	19			

注：$F_{0.01}$（1,10）=10.04，$F_{0.05}$（1,10）=4.96，$F_{0.01}$（9,10）= 4.94

由表 4-6、表 4-7 和表 4-8 可知，模型显著水平 $P<0.05$，回归方程显著，说明该模型可用于影响规律的分析。将不显著项剔除后，回归模型如下。

多糖得率模型：

$$Y_1 = 5.359\ 55 + 0.381\ 92Z_1 - 0.493\ 32Z_2 + 0.676\ 31Z_3 + 0.211\ 76Z_1^2 \\ + 0.379\ 7Z_2^2 + 0.181\ 71Z_3^2 \tag{4-31}$$

皂苷得率模型：

$$Y_2 = 0.325\,78 + 0.036\,74Z_2 - 0.028\,42Z_3 - 0.075\,82Z_1^2$$
$$+ 0.024\,94Z_2^2 + 0.007\,26Z_3^2 \tag{4-32}$$

复水率模型：

$$Y_3 = 65.323 + 2.934Z_1 - 11.8892Z_3 - 6.7561Z_2^2 - 4.2388Z_3^2 + 1.885Z_1Z_2 \tag{4-33}$$

根据二次通用旋转组合设计因子与编码变换公式：

$$Z_j = \frac{X_j - X_0}{\Delta_j} \tag{4-34}$$

可得

$$Z_1 = \frac{X_1 - 1600}{475}; \quad Z_2 = \frac{X_2 - 0.04}{0.0238}; \quad Z_3 = \frac{X_3 - 6}{2.38} \tag{4-35}$$

可分别将上述公式代入公式（4-31）～公式（4-33），可换算为用自变量表示的回归方程：

$$Y_1 = 7.0811 - 0.0022X_1 - 74.3539X_2 - 0.1038X_3 + 9.3855 \times 10^{-7}X_1^2$$
$$+ 670.3270X_2^2 + 0.3208X_3^2 \tag{4-36}$$

$$Y_2 = -0.352\,4 + 0.001\,075X_1 - 1.978\,7X_2 - 0.027\,32X_3 - 3.360\,4 \times 10^{-7}X_1^2$$
$$+ 44.029\,38X_2^2 + 0.001\,282X_3^2 \tag{4-37}$$

$$Y_3 = 50.060\,9 - 0.000\,493X_1 + 687.399\,4X_2 + 3.984\,4X_3 - 11\,927.303\,3X_2^2$$
$$- 0.748\,3X_3^2 + 0.166\,7X_1X_2 \tag{4-38}$$

式中，Y_1、Y_2、Y_3 分别为怀山药的多糖得率、皂苷得率、复水率；X_1、X_2、X_3 分别为自变量真空度、微波功率和切片厚度的实际值。

3. 模型验证及参数优化

1）模型验证

将上述试验方案的变量值带入各模型计算其预测值，图 4-42、图 4-43 和图 4-44 为各模型预测值和实测值的比较。

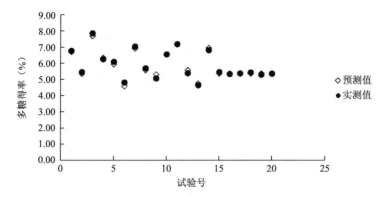

图 4-42　微波真空干燥工艺怀山药多糖得率预测值与实测值的比较曲线

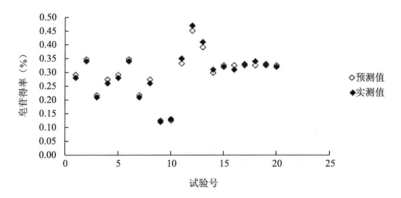

图 4-43　微波真空干燥工艺怀山药皂苷得率预测值与实测值的比较曲线

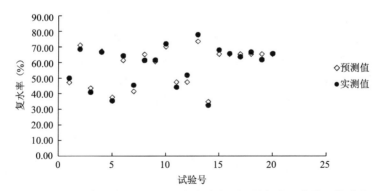

图 4-44　微波真空干燥工艺怀山药复水率预测值与实测值的比较曲线

　　由图 4-42、图 4-43 和图 4-44 可以看出，其预测值与实测值很接近，同样证明了所建立的回归方程与实际情况拟合较好。

2）参数优化

利用 DPS 数据分析软件分别对上述拟合模型进行参数优化。

当微波功率为 2400 W、真空度为 0 MPa、切片厚度为 10 mm 时，多糖得率最高，为 10.16%；当微波功率为 1600 W、真空度为 0.08 MPa、切片厚度为 2 mm 时，皂苷得率最高，为 0.53%；当微波功率为 2400 W、真空度为 0.04 MPa、切片厚度为 2 mm 时，复水率最高，为 78.26%。

4.5.4　小结

本节采用三因素二次通用旋转组合设计，分别建立了多糖得率、皂苷得率的回归模型，分析了微波功率、真空度和切片厚度对怀山药干燥品质指标的影响规律，分别建立了多糖得率 Y_1、皂苷得率 Y_2 和复水率 Y_3 的回归方程：

$$Y_1 = 7.0811 - 0.0022X_1 - 74.3539X_2 - 0.1038X_3 + 9.3855 \times 10^{-7}X_1^2$$
$$+ 670.3270X_2^2 + 0.3208X_3^2$$

$$Y_2 = -0.352\,4 + 0.001\,075X_1 - 1.978\,7X_2 - 0.027\,32X_3 - 3.360\,4 \times 10^{-7}X_1^2$$
$$+ 44.029\,38X_2^2 + 0.001\,282X_3^2$$

$$Y_3 = 50.060\,9 - 0.000\,493X_1 + 687.399\,4X_2 + 3.984\,4X_3$$
$$- 11\,927.303\,3X_2^2 - 0.748\,3X_3^2 + 0.166\,7X_1X_2$$

经对回归方程进行显著性检验和失拟检验，得到的回归方程显著不失拟，说明该模型可用于影响规律的分析。

由模型得出的最佳参数为：当微波功率为 2400 W、真空度为 0 MPa、切片厚度为 10 mm 时，多糖得率最高，为 10.16%；当微波功率为 1600 W、真空度为 0.08 MPa、切片厚度为 2 mm 时，皂苷得率最高，为 0.53%；当微波功率为 2400 W、真空度为 0.04 MPa、切片厚度为 2 mm 时，复水率最高，为 78.26%。

第5章 怀山药常压冷冻干燥技术

怀山药富含多种营养成分，黏液多糖、淀粉、水分含量较高，使得怀山药在存储过程中易腐烂变质，干燥是保证怀山药营养价值的重要手段。然而采用常规干燥技术进行处理，怀山药易发生色泽褪变、有效功能成分损失等质量退化现象。本章提出怀山药常压冷冻干燥（atmospheric freeze drying，AFD）技术，并采用涡流管高效制冷脱水的新方法。为了最大限度地保证怀山药的品质质量，需要通过对不同干燥参数条件下怀山药有效成分的测定，分析怀山药质量衰退因素，以及有效成分在干燥过程中的变化规律及其与操作参数的关系，并对模型进行验证及特性分析，在此基础上确定合适的干燥工艺参数，并对质量衰退控制分析，进而指导实践生产。

5.1　常压冷冻干燥技术概述

常压冷冻干燥技术是在常压或接近常压下，对物料采取特定手段进行除湿，使物料周围低温空气中的水蒸气分压保持低于升华界面上的饱和水蒸气分压，则冷冻物料中的水分就可以升华。

5.1.1　常压冷冻干燥技术的原理

1. 基于吸附剂除湿的常压冷冻干燥技术

20 世纪 70 年代开始，国际上有学者开始探索将吸附剂作为除湿冷源应用于冷冻干燥技术，并对此做了理论分析和试验研究，结果表明，此干燥技术可行。在吸附流化床常压冷冻干燥中，吸收剂起着传热介质和水汽吸收载体及热源的多重作用，可直接吸收介质中的水蒸气来降低水蒸气分压。使得环境的水蒸气分压低于升华界面上所产生的饱和水蒸气分压，即水的状态处于三相点（$P=610$ Pa，$T=0.01$℃）以下，吸附水分过程中放出吸附热，作为物料升华干燥所需的热源，以确保冻结物料冰界面的升华和物料湿分由物料向干燥介质的传递。但是吸附剂除湿，干燥过程中由于水蒸气分压高，易导致冰晶熔化严重，产品质量下降，冻干失败。

2. 基于热泵除湿的常压冷冻干燥技术

基于热泵除湿的常压冷冻干燥技术是利用热泵来控制干燥介质的状态，将湿空气冷却到三相点以下，使得物料湿分在空气循环中去除。热泵除湿的常压冷冻干燥装置通常由机械热泵系统来降低干燥室内温度，利用冷凝器来除去空气中湿分。利用热泵作为除湿冷源，可显著降低干燥能耗，又可保持干燥品质的优点。但是为了使环境水蒸气分压足够低，蒸发器温度通常很低，导致设备成本较高。

3. 基于涡流管制冷效应的常压冷冻干燥技术

AFD 装置通常由机械热泵系统和冷凝器所组成，且为了使环境水蒸气分压足够低，蒸发器温度通常非常低，导致设备成本较高。高效节能的除湿方式及稳定的冷气流场是 AFD 技术发展的瓶颈。基于涡流管制冷常压冷冻干燥装置，将涡流管用作 AFD 除湿冷源，直接降低物料表面的水蒸气分压，使干燥器中的水蒸气分压低于物料内部水的三相点压力，同时提供对流换热流体介质，不需要水汽凝结器来捕捉水蒸气，有利于降低能耗，节约成本。

5.1.2 常压冷冻干燥技术的特点

1. 高效节能

常压冷冻干燥技术利用机械热泵或者吸附剂与物料进行质热传递，以除去物料水分，与真空冷冻干燥相比，AFD 省去了提供真空环境的装置，从而可以节省约 1/3 的能量，且存在对流换热的过程。AFD 技术还具备生产成本低、可连续生产的优点，因此能源可回收利用。

2. 产品品质高

一般就干燥后产品品质而言，冷冻干燥是目前保持产品品质最优的干燥方式。而在较高温度下进行对流干燥时，这些物料将会变质、变色、变形，维生素和其他营养成分也会损失。常压冷冻干燥技术兼有冷冻干燥高品质和对流干燥低成本的优点。经预冻后，物料处于冻结状态，水分和溶质被冰晶均匀地分布在物料层中，溶质随着水分的升华析出，避免溶质在蒸发干燥过程中水分迁移至物料表面而导致硬化现象，从而保持食品原有的品质。同时物料冻结后形成固体骨架在升华干燥过程中保持稳定，不会产生收缩变形，并且多孔介质干燥后具有多孔结构，复水性能高。常压冷冻干燥技术，在低温条件下，对物料中维生素和其他营养成分破坏较少，适用于热敏性生物产品、药品和高附加值的产品。

3. 安全无污染

常压冷冻干燥过程在无污染及稳定的环境下进行，并且设备操作简单，运行安全可靠，高效节能，完全没有废气、废水排出，环保无污染。而且物料经过冻结后，可杀死物料表面的一些病原微生物，避免干燥过程中的二次污染。

5.1.3　常压冷冻干燥技术的研究现状

AFD 技术与真空冷冻干燥相比，因不需要配备真空装置，故可降低冻干成本。目前，国内外的研究也大多围绕提高冻干效率、降低冻干能耗而进行探索。

1959 年，Meryman 首次提出了采用 AFD 技术进行物料脱水的新方法，指出物料的冷冻干燥速率不是完全由干燥室总气压所决定的，而是由冰温和处于水蒸气形成位置和干燥介质间的蒸汽压力变化所决定的，故可用吸附剂来代替真空泵，但干燥周期太长。随后，Lewin、Matela 和 Woodward 也对吸附剂固定床 AFD 技术做了相应的研究工作，获得了同样的结论。Malecki 等（1969）与 Lombrana 和 Villaran（1996）利用 AFD 流化床干燥法对果汁和蛋白进行干燥处理，提出在常压下，若物料颗粒足够小，其冻干速率将接近于真空冻干，但利用吸附剂除湿温度太低，小物料彼此容易粘连。Wolff 和 Gilert（1990a）以土豆片为待干燥物料进行了吸附流化冻干实验，发现其产品品质与 FD 基本一致，节约能量约达 1/3，但冻干时间较长，AFD 吸附剂流化床平均干燥速率为 0.09 kg/(m^2·h)，而 FD 为 0.15 kg/(m^2·h)。Alves-Filho 等（1998）在没有吸附剂参与的条件下，利用热泵联合流化床对苹果片、胡萝卜片等物料进行 AFD 处理。试验分为两个阶段，第一阶段是 AFD 流化床干燥阶段，第二阶段是半干物料在较高温度下进行 AFD 流化床干燥，这一操作方法在一定程度上可降低总能耗，产品品质亦较好。但热泵除湿也需制冷系统参与，故能耗降低不够显著。另外对于不同原料，需要在某个含水率水平上进行干燥阶段的转换难以把握，其内在机理需进一步研究。

Stawczyk 等（2005）采用热泵除湿对 AFD 动力学及干燥苹果丁的品质进行了研究，在气流固定的前提下，设置了三种不同的温度渐增方案，即恒定进口温度、变温进口温度和持续升温进口温度。结果显示，后者在整个 AFD 处理过程中，干燥速率稳定，并且以较低成本得到较高的干燥品质。这表明 AFD 后期可以采用较高的干燥温度。然而由于其在热泵除湿常压冷冻干燥过程中，常压状态下会降低扩散系数，同时 AFD 易受到热泵装置内部质热传递阻力的影响，使得干燥时间较长。Santacatalina 等（2015）利用高强度航空超声波技术对苹果进行常压冷冻干燥过程试验研究，结果表明，超声波技术可以改善 AFD 过程中的传质传热，在苹果干燥温度−10℃时，最大干燥时间减少 77%。

国内对 AFD 的研究还较少，只有少量相关吸附剂流化床 AFD 的试验研究。例如，李心刚等（2000）对固态食品进行了吸附剂流化床 AFD 处理，通过与 FD 进行比较，认为吸附流化床 AFD 具有发展和应用前景。李惟毅等（2001）对粒状马铃薯的吸附剂流化床 AFD 过程的传热进行了研究，建立了吸附流化床内对流边界条件下的球坐标冻干模型。但实际上物料和吸附剂之间并不是全面积的接触换热，而且也没有考虑床温波动及筒壁辐射的影响，致使模型有一定的局限性。冯洪庆和李惟毅（2007）选用粒状马铃薯等作为冻干物料，硅胶为吸附剂，对物料的冻干规律进行了试验研究，发现床温略高于物料共晶点温度时，AFD 过程仍可以进行，但缺乏对其内部发生机制的进一步探讨，故如何选择给热温度和模式缺乏依据。

5.1.4　基于涡流管制冷常压冷冻干燥技术

涡流管是一种结构非常简单的能量分离装置，自法国冶金工程师 Ranque 于 1930 年发明以来，因其无运动部件、结构简单轻巧、成本低、免维护、寿命长、只需压缩空气产生低温直接进行制冷应用，而在制冷领域得到广泛的应用。涡流管技术用于制冷系统可提高系统效率，把涡流管安装在压缩机出口，其温度和流量可通过热端调节阀门进行调节，分离产生冷热两股气流，在制冷系统中，冷气流可以用于制冷、吸收显热来增加系统制冷量。涡流管的出口温度变化可保持在 ±0.6℃ 的范围内。相对于蒸汽压缩制冷方式，其节能特性十分明显。

在基于涡流管除湿机制的条件下，涡流管所产生冷气流场与物料升华界面之间的水蒸气分压差，可使得 AFD 干燥室中物料中水分得以升华。并且为了提高升华速度，本章中 AFD 试验研究采用不同的给热模式提供冰晶所需升华热。在干燥过程中，物料水分升华过程受到冷气对流行为的控制，使得涡流管成为制冷源应用于干燥领域的一个新思路。

5.2　常压冷冻干燥装置试验台搭建

5.2.1　常压冷冻干燥装置的设计方案及内容

1. 设计方案

该常压冷冻干燥系统装置基于涡流管制冷效应常压冷冻干燥装置，主要用于怀山药等果蔬的干燥处理，设计并搭建预设总功率为 3 kW。该试验装置干燥箱的腔体及外壳采用不锈钢结构，并采用 PLC 控制系统对各项工作过程进行控制。

2. 设计内容

（1）以怀山药为研究对象，基于涡流管制冷效应常压冷冻干燥的理论分析，对常压冷冻干燥装置试验台总体结构进行设计和搭建。

（2）常压冷冻干燥装置试验台主要由空气压缩机、干燥过滤器、恒温水槽装置、涡流管制冷系统、干燥箱及在线控制系统等搭建而成。

（3）研究怀山药等果蔬的干燥特性，对常压冷冻干燥试验进行分析。

（4）通过试验分析常压冷冻干燥装置试验台的经济效益，提出合理建议。

5.2.2 空气压缩机

空气压缩机的主要作用是压缩空气，为涡流管制冷系统提供高压空气。本试验装置采用往复风冷移动式空压机（图 5-1），其由电动机带动皮带轮通过联轴器直接驱动曲轴，带动连杆与活塞杆，使活塞在压缩机气缸内作往复运动，完成吸入、压缩、排出等过程，将常压空气升压，并输出到涡流管制冷系统内。

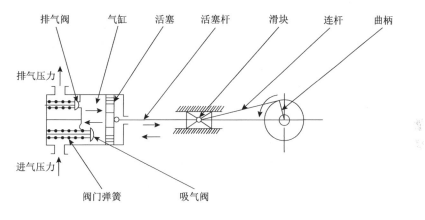

图 5-1 空气压缩机工作原理图

5.2.3 干燥过滤器

干燥过滤器的主要任务是为试验装置提供洁净的空气，起到杂质过滤的作用。图 5-2 是干燥过滤器的工作原理结构图。其外壳是用紫铜管收口成型，两端进出接口为同径，进气端为粗金属网，出气端为细金属网，内装吸湿效果优良的分子筛作为干燥剂，以吸收水分和有效地过滤杂质，得到洁净干燥的高压空气，确保制冷系统正常工作。

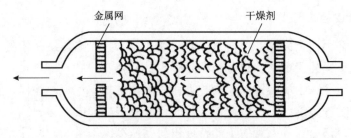

图 5-2 干燥过滤器工作原理示意图

5.2.4 恒温水槽装置

恒温水槽装置的主要作用是减少涡流管进口压缩空气的温度波动,使其保持稳定。其中恒温水槽核心部件数显温控仪为微机智能控制系统,可以用来显示和控制温度的变化,以保持恒温的作用。

5.2.5 涡流管制冷系统

涡流管制冷系统的主要作用是为常压冷冻干燥装置提供除湿冷源。工作时高压气体以很高的速度沿切线方向进入涡流室,经过涡流变换后分离成温度不相等的两部分气流,处于中心部位的气流温度低,而处于外层的气流温度高,调节冷热流比例,可以得到最佳制冷效应或制热效应。涡流管的工作原理见图 5-3。

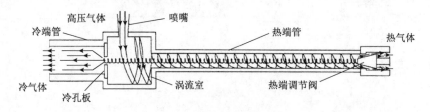

图 5-3 涡流管工作原理图

涡流管冷气端产生的低温冷气流可直接降低物料表面的水蒸气分压,使干燥器中的水蒸气分压低于物料内部水的三相点压力,物料中水分得以升华,同时提供对流换热流体介质,由于不需要水汽凝结器来捕捉水蒸气,有利于降低能耗,节约成本。

5.2.6 干燥箱及在线控制系统

常压冷冻干燥室有不同类型,常见干燥箱有矩形和圆柱形,本试验装置采用腔体及外壳为不锈钢结构的矩形干燥箱,其中干燥箱主视图、左视图及侧视图见

图 5-4。并采用 PLC 控制系统对干燥过程进行控制。金属箱体对物料升温较快，同时矩形金属结构满足干燥过程的要求。

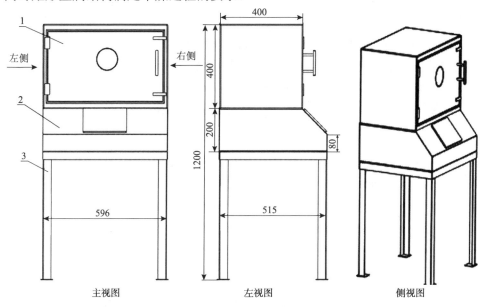

主视图　　　　　　　左视图　　　　　　　侧视图

图 5-4　干燥箱外形结构图

1. 干燥仓门；2. 控制台面（人机界面）；3. 机架。图中数据单位为 mm

物料放置在常压冷冻干燥箱体内进行干燥，通过电加热和红外辐射源的照射（图 5-5），得到均匀的干燥，电加热能量和辐射能量几乎全部被物料所吸收，使物料升温快速，金属箱体起到反射辐射和减少能量损耗的作用。同时，干燥箱体内部安装有金属托盘，通过在线称重传感器和温度传感器装置，在人机界面可以直观观测数据变化。

图 5-5　AFD 干燥箱内物料升华热加载模式

1. PLC 的程序设计

该干燥箱系统控制分为自动和手动，分别通过相对应的 PLC 程序加以实现。干燥操作流程如下：首先将物料放入干燥箱托盘内，启动空气压缩机使得涡流管进口压力到设定值；再启动涡流管制冷系统使得干燥箱出口温度和加热系统温度到设定值，加温到设定值后保温；完成工艺要求后关闭电源，使得试验台电机停止工作，打开通气阀，完成一次工作流程。

根据干燥工艺操作流程，PLC 编程流程如图 5-6 所示。

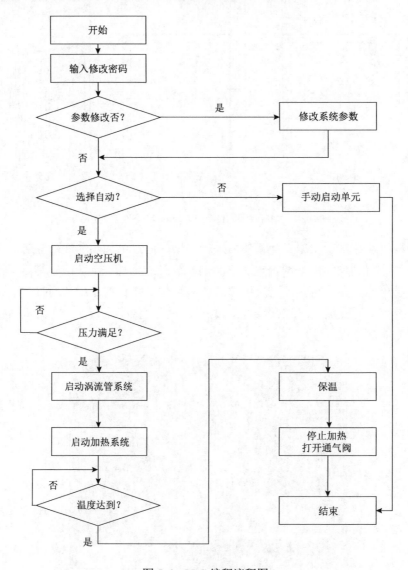

图 5-6　PLC 编程流程图

其中设置操作参数密码的目的是使设备参数只能由设计者和系统管理员调整，操作员只能操作设备。本系统分为 3 个操作组，分别为设计者组、系统管理员组和操作员组。设计者组为系统的设计者，密码不公开。系统管理员组和操作员组为用户组，系统管理员组使用密码可以设置参数；操作员组只能操作设备，不能修改系统参数。

2. 干燥箱系统操控界面

由于干燥箱系统操作由系统操控界面发出，因此，本试验装置的人机接口采用了台达 DOP-A57BSTD8Gray，并使用相关编辑软件 Screen Editor 1.05.74，设计了主菜单、实时监控、系统操作、操作方式选择等界面。其中本系统操控主界面如图 5-7 所示。

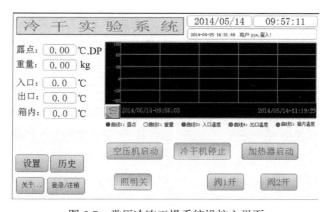

图 5-7　常压冷冻干燥系统操控主界面

1）数据显示

主界面左侧显示露点指的是箱体内露点温度，重量指的是托盘上物料质量，入口、出口和箱内分别指相应位置温度。

2）时间与事件显示

主界面的右上角显示日期、时间和系统登录事件。

3）实时曲线

主界面中实时曲线用于显示各测量数据在时间轴上的变化，使数据测量变化量比较直观，其中曲线下侧的颜色标准对应实时曲线的颜色。

3. 参数设置

系统测量数据能够正常真实显示。重要数据可进行设置（含日期和时间），这些数据是有操作权限的，只有设计者和系统管理者才能够设置参数，参数设置错误将导致测量数据显示不真实。若要修改其中的参数，必须先以设计者或系统管理员的身份登录系统,其中参数设置页如图 5-8 所示。

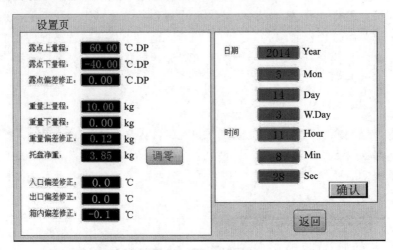

图 5-8　常压冷冻干燥系统参数设置页

1)露点参数设置

露点上量程指的是露点传感器的上限测量值,露点下量程指的是露点传感器的下限测量值,可设置为-99.99~99.99。本试验装置系统安装的露点传感器是-40~60℃。

露点偏差修正是指传感器使用一段时间后,零点会有少量漂移,这个参数就是设置漂移量来纠正测量数据的,如果漂移量太大则此传感器已失准,需要更换。可设置为-3~3。本系统默认为"0.0"。

2)重量参数设置

该干燥箱装置设备的称重传感器量程是 0~10 kg。其中重量上量程指的是称重传感器的上限测量值,重量下量程指的是称重传感器的下限测量值。

重量偏差修正指的是修正传感器零点误差的,可设置为-2.00~2.00。其中系统设置参数时应先将其清"0"再将托盘全部拆下,显示的测量值取反后填入,该干燥装置系统默认为"0.0"。

该试验系统托盘净重用于设置托盘重量,其中物料重量=测量值-托盘净重。当物料等于零时,称重传感器测量值即托盘净重。

调零时可以快速设置托盘净重,操作前应将物料清空干净并稳定 3 min 后,点击调零按钮。

3)温度修正值

该干燥箱温度修正值共有 3 个,分别为入口偏差修正、出口偏差修正和箱内偏差修正,用于修正温度传感器误差。在 0℃时校准温度传感器,将传感器测量值取反填入。该试验装置默认值都为"0.0"。

4）日期和时间

右侧是系统日期和时间的设置，可依据实际修改。

4. 记录数据与计算机查寻

操作界面触摸屏上自带内存卡，所有数据都将记录在此卡中，并可连续记录实验数据。每次实验结束后，必须在 30 min 后关闭电源，确保系统中的数据记录转存到卡中。数据文件是按照时间段来命名的，如 12-0.csv 表示 12 点的数据文件。

1）记录数据的组织

记录数据所在目录子目录名为组的编号，如 201701、201702，这些目录分别表示 2017 年 1 月的数据、2017 年 2 月的数据。201701、201702 目录里面的文件是当月某个时间段所记录的数据文件。

2）数据记录查看工具

在 SD 卡的根目录上，有两个 exe 可执行文件——DataLogTool.exe 和 DataLogTool_Encryption.exe 是在计算机上查看历史数据记录的工具，选择打开记录的文件即可查看。

5.3　涡流管制冷常压冷冻干燥试验研究

5.3.1　引言

冷冻干燥是目前公认的保持物料干燥后品质最好的一项干燥技术。但常规冻干技术，需要在高真空条件下进行，由于没有对流，传热效率很低，处理怀山药等高含水率物料的干燥时间往往需要长达 30 h 以上。此外，大功率制冷机组、真空系统、加热系统的运转使冻干运行成本极为高昂，存在设备精密复杂和能耗高等缺点，其推广应用受到极大限制。

为了提高冷冻干燥处理的干燥速率、降低成本，除对冻干技术的工艺进行改进外，还应该探索研究新型的冷冻干燥技术。1959 年 Meryman 首次提出了基于常压条件下的冷冻干燥技术。AFD 与 FD 相比，由于不需要配备真空装置，可大幅度降低冻干成本，具有良好的潜在应用前景。然而目前的相关研究表明 AFD 技术干燥效果并不理想、产品品质不稳定，主要原因是 AFD 除湿手段单一，除湿效果较差，冰晶在干燥过程中容易熔化。此外，AFD 装置通常由机械热泵系统和冷凝器所组成，导致设备成本较高。

由于涡流管制冷系统具有结构简单、工作稳定可靠、易于维修、无运动部件且温度变化范围大等优点，已被应用到食品、医药、材料等领域。本试验基于涡流管制冷常压冷冻干燥装置，将涡流管用作 AFD 除湿冷源，直接降低物料表面的水蒸气分压，使干燥器中的水蒸气分压低于物料内部水的三相点压力，同时提供对流换热流体介质，不需要水汽凝结器来捕捉水蒸气。同时试验以怀山药等物料为材料，分析了干燥处理参数对 AFD 技术的影响，为 AFD 技术在农产品加工与储藏中的应用提供理论依据，同时为低耗、高效、绿色冻干技术提供新的解决途径。

5.3.2 试验装置和方法

5.3.2.1 试验装置

涡流管制冷常压冷冻干燥装置如图 5-9 所示。该装置主要由空气压缩机、涡流管制冷系统、干燥箱装置、在线测量系统等部分组成。

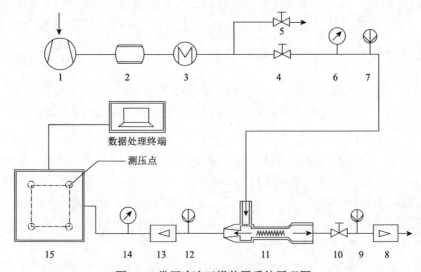

图 5-9 常压冷冻干燥装置系统原理图

1. 空气压缩机；2. 干燥过滤器；3. 恒温水槽；4. 调压阀；5. 流量调节阀；
6、14. 压力表；7、9、12. 热电偶；8、13. 流量计；10. 调节阀；11. 涡流管；15. 干燥室

工作过程是，由压缩机（1）压缩出来的高压空气先经过干燥过滤器（2）去除水蒸气和其他杂质，得到洁净的干燥空气，再通过恒温水槽（3）以保持温度恒定，然后经调压阀（4）进入涡流管（11）内将高压气体分离成冷、热两股气流。冷气流进入干燥室（15），对物料进行干燥处理。涡流管制冷系统中冷

气端的气流温度和流量可通过热气端的调节阀（10）进行调节，以满足试验中低温气流场的要求，且涡流管冷气端的出口温度控制在±0.6℃的范围内。干燥室设计成带有机玻璃制成的透明窗，可以随时观察干燥室内干燥情况，物料放置在干燥室铝制托盘内，可用传导和辐射两种给热模式，其中传导给热采用电加热方式，辐射给热采用远红外卤素辐射板加热方式，加热温度在 0~110℃可控。流量调节阀（5）用来维持系统气流的稳定。流量计（8）、（13）分别用来测量涡流管热端出气流量和冷端出气流量。采用 14 级高精度压力表测量进气压力，在线测量装置包括 PID 温度调节器，控制辐射加热板和传导加热板的温度，测量物料的实时温度。

5.3.2.2　试验材料

怀山药：购于河南省洛阳市当地超市，选择个体完整、粗细均匀、无机械损伤、肉质洁白、为河南温县所产新鲜铁棍怀山药，含水量为 87.5%。

5.3.2.3　试验方法

1. 原料预处理

新鲜怀山药经清洗，去皮处理后，在室温下制备成两组样品：一组为块状物料（10 mm×10 mm×5 mm）；另一组为片状物料（厚度 2 mm、3 mm、4 mm、5 mm，直径 10 mm），备用。

为防止酶促褐变，干燥试验开始前，在 100℃沸水中烫漂，烫漂时间为 60 s，然后轻轻用吸水纸擦拭至无明显水迹。然后将物料放置在温度控制在-30℃的冷库内进行预冻结 12 h。试验时，先将干燥箱内温度降到要求的温度，然后按照给热模式调节到要求的温度后，迅速将一定质量的冷冻物料放入干燥箱中，开始冻干处理。

2. 常压冷冻干燥处理

1）进气压力 P_0 和冷气流率 μ 对制冷效应的影响

通过调节压力和流量控制阀，使涡流管入口处获得某一均匀稳定的气流，本试验所选定的涡流管入口进气压力 P_0（绝对压力）分别为 0.3 MPa、0.4 MPa、0.5 MPa、0.6 MPa，并通过调节热端调节阀开度来改变涡流管的冷气流率 μ，从而考查进气压力 P_0 和冷气流率 μ 对涡流管制冷效应的影响。

2）给热模式对干燥过程的影响

本试验通过采取恒温和变温给热模式为物料升华提供所需的热量，按照试验设计方案表 5-1 分别获取恒温和变温给热模式水分比（MR）随干燥时间变化的曲线，从而考查不同给热模式对干燥过程的影响。

表 5-1　试验设计方案表

方案	给热模式	温度	物料形状及尺寸
1		−15℃	
2	恒温（CT）	−10℃	圆盘状（10 mm × 2 mm）
3		−5℃	
4	变温（DT）	−10℃（0~4 h）/−5℃	块状（10 mm ×10 mm × 2 mm）
5		−10℃（0~4 h）/−5℃（辐射 12℃）	

3）物料厚度对干燥过程的影响

通过 4 种不同厚度 2 mm、3 mm、4 mm、5 mm 圆盘状（直径 D 为 10 mm）怀山药片在表 5-1（方案 5）条件下获取水分比 MR 随干燥时间变化的曲线，从而考查物料厚度对干燥过程的影响。

4）物料形状对干燥过程的影响

在表 5-1（方案 5）条件下，对圆盘状（10 mm × 2 mm）和块状（10 mm ×10 mm × 2 mm）怀山药物料进行 AFD 试验，获取干基含水率 X 随干燥时间变化的曲线，从而考查不同形状怀山药对干燥过程的影响。

5）干燥方式对干燥过程的影响

在表 5-1（方案 5）条件下，对圆盘状（10 mm × 2 mm）怀山药片分别进行 FD 和 AFD 试验，分别获取干燥速率 v 和能耗随干燥时间变化的曲线，从而考查干燥方式对干燥速率和能耗的影响。

3. 试验指标检测

1）水分检测

物料初始含水率按《食品中水分的测定》（GB 5009.3—2010）进行恒重烘干法测定。干基含水率 X 采用公式（5-1）进行定义：

$$X = \frac{m - m_\mathrm{d}}{m_\mathrm{d}} \tag{5-1}$$

式中，X 为干基含水率（kg/kg）；m 为湿物料的总质量（kg）；m_d 为干物料质量（kg）。

水分比（MR）采用公式（5-2）进行定义：

$$MR = \frac{X_t - X_\mathrm{e}}{X_0 - X_\mathrm{e}} \tag{5-2}$$

式中，X_t 为 t 时刻物料干基含水率（kg/kg）；X_0 为物料初始干基含水率（kg/kg）；

X_e 为物料平衡干基含水率（kg/kg）。

2）干燥速率

干燥速率（v）采用公式（5-3）进行定义：

$$v = \frac{\left(X_{i+1} - X_i\right)}{t_{i+1} - t_i} \tag{5-3}$$

式中，v 为干燥速率[kg/(kg·h)]；X_i 为 t_i 时刻干基含水率（kg/kg）；X_{i+1} 为 t_{i+1} 时刻干基含水率（kg/kg）。

3）冷气流率（μ）

冷气流率（μ）是指冷气流体积流量与总气流体积流量之比，采用公式（5-4）进行定义：

$$\mu = \frac{M_c}{M_c - M_h} \tag{5-4}$$

式中，μ 为冷气流率；M_c 为冷气流体积流量（m³/h）；M_h 为热气流体积流量（m³/h）。

4）制冷效率（COP）

制冷效率（COP）是指实际制冷量与同样压差下可逆等温压缩过程所消耗功的比值，采用公式（5-5）进行定义：

$$\text{COP} = \frac{T_0 - T_c}{T_0\left[1 - \left(P_1 - P_0\right)^{(k-1)/k}\right]} \tag{5-5}$$

式中，T_0 为涡流管入口气流温度（℃）；T_c 为涡流管冷气流温度（℃）；P_0 为涡流管进气压力（MPa）；P_1 为冷气流出口绝对压力（MPa）；k 为气体的绝热指数（1.39）。

5）干燥能耗

干燥能耗以每干燥一个单位质量水分的耗能（包括热能及机械消耗）计算（kJ/kg H$_2$O），干燥过程的总脱水量按公式（5-6）计算：

$$m_1 = m \times \frac{C_1 - C_2}{1 - C_1} \tag{5-6}$$

式中，m_1 为脱水质量（kg）；m 为干品质量（kg）；C_1 为初始水分含量（%）；C_2 为最终水分含量（%）。

4. 数据处理方法

每次试验均做 3 次平行试验取平均值，使用 Origin 8.0 软件对数据进行处理。

5.3.3 结果与分析

1. 进口压力 P_0 和冷气流率 μ 对涡流管制冷效应的影响

按照 5.3.2.3 试验方法，当试验工况稳定后测量涡流管进口气体温度 T_0、冷气流出口温度 T_c 和流量 M_c、热气流出口温度 T_h 和流量 M_h。根据试验数据计算得到了每一工况下的制冷效率 COP 等。由此获得了该涡流管的制冷效率特性曲线，如图 5-10 所示。

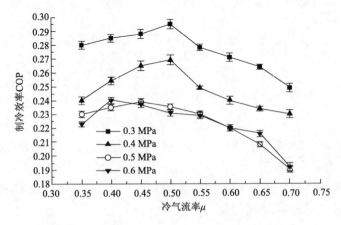

图 5-10　制冷效率 COP 随冷气流率 μ 的变化曲线

由图 5-10 可以看出，进口压力 P_0 在 0.3 MPa 和 0.4 MPa 时，制冷效率 COP 随冷气流率 μ 的增加而上升比较快；当进口压力 P_0 在 0.5 MPa 和 0.6 MPa 时，制冷效率在增幅上明显减缓。当进气压力 P_0 由 0.3 MPa 增至 0.6 MPa 时，制冷效率 COP 由 0.295 减至 0.237，随进气压力 P_0 的增加反而减小。而且，制冷效率 COP 随冷气流率 μ 呈现先增加后减小的趋势，且存在极大值。通过调节热端调节阀开度来改变涡流管的冷气流率 μ，当冷气流率 μ 为 0.4～0.5 时，制冷效率出现最大值并且随着进气压力的增加向冷气流率 μ 减小的方向移动。可以看出，对于结构一定的涡流管，会有一个能产生最佳制冷效应的进口压力，而不是压力越大越好。这主要是因为进口压力越大，膨胀比就越大，涡流管的压力损失也越大，从而使制冷效率降低。因此，本试验选定涡流管进气口的压力值为 0.3 MPa。

2. 给热模式对干燥过程的影响

King 提出的经典升华冰面均匀退却模型（URIF）认为，干燥过程为部分干燥的多孔介质内部水蒸气的扩散控制过程，物料内部以升华界面由外向内划分成冻结层和干燥层，随着干燥过程的进行，升华界面不断由外向冰层内部移动，直至冰晶完全消失，物料升华干燥过程结束，这个过程能除去物料内 80%～90%的水分。因此，在物料冷冻干燥过程中，为了保证升华界面上所产生的水蒸气不断向物料表面外的环境扩散，环境的水蒸气分压须保持低于升华界面上的饱和蒸汽压力，还需要外界不断向升华界面输入升华所需的热量。

　　在 AFD 干燥室中，原料中水分的升华依赖涡流管所产生冷气流场与物料升华界面之间的水蒸气分压差，为了提高升华速度，可采用不同的给热模式提供冰晶所需升华热。按照 5.3.2.3 试验方法，得到试验结果如图 5-11、图 5-12 所示。

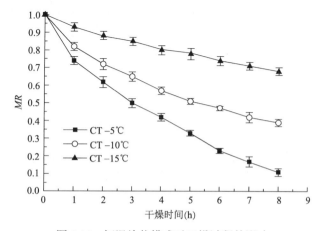

图 5-11　恒温给热模式对干燥过程的影响

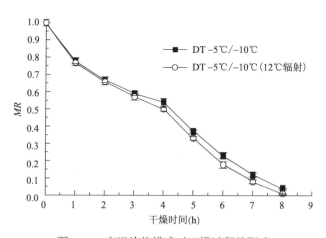

图 5-12　变温给热模式对干燥过程的影响

　　图 5-11 为圆盘状怀山药（10 mm×2 mm）在恒温给热模式下的干燥曲线。由图 5-11 可见，在恒温给热模式 CT −15℃、CT −10℃及 CT −5℃的干燥过程

中，干燥曲线基本均处于降速阶段，并无明显的恒速阶段（为简化问题，忽略开始的表面冷冻阶段），只有在干燥后期，物料内的水分比（MR）比较低，干燥速率也随之变低，曲线变得趋于平坦。在 CT −5℃给热模式下，达到平衡干基含水率所需的时间大大减少，而在 CT −15℃给热模式下，干燥过程较为缓慢。这是因为 CT −15℃给热模式下，物料表面和物料中心温度之间的温度差较小，使得干燥时间较长。在试验中发现，采用 CT −5℃给热模式下，物料干燥过程中出现部分融化现象，产品略有皱缩，不能完全符合干燥质量要求。采用 CT −10℃给热模式时，尽管也高于其共晶点温度（新鲜怀山药的共晶点温度为−20.2℃），但是未出现物料融化现象，干燥质量较好，干燥速率也比较快。因此根据试验结果，在高于物料共晶点温度时，基于涡流管制冷效应常压冷冻干燥也可正常进行。

图 5-12 为圆盘状怀山药（10 mm × 2mm）在变温给热模式下的干燥曲线。由图 5-12 可知，在变温给热模式干燥 4 h 后升高温度，干燥速率有所增加。这是因为干燥速率的变化与升华界面的平衡有关，在变温模式下，物料表面和物料中心温度之间的温度差增大，使得干燥速率增加。当采用 12℃辐射变温给热模式时，干燥速率增加，这是因为辐射为物料提供热量，使得物料内部冰核温度提高，冰汽界面的饱和蒸汽压升高，加快了质量传递，从而导致蒸汽扩散率有微小的增加，使得干燥速率有所增加。因此，本试验采用方案 5 变温给热模式（12℃辐射）达到干燥效果的时间最短。

3. 物料厚度对干燥过程的影响

按照 5.3.2.3 试验方法，得到试验结果如图 5-13 所示。

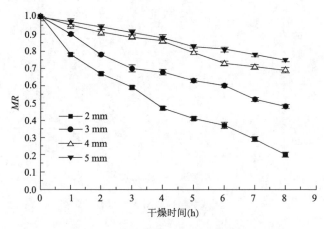

图 5-13　物料厚度对干燥过程的影响

由图 5-13 可以看出，2 mm 厚度的怀山药片干燥速率比其他厚度物料明显要快得多；物料厚度越小，干燥时间越短，干燥速率越快。这是因为物料的厚度影响着物料的失水幅度，在干燥过程中物料吸收的能量随着物料的增厚而降低，因此要得到同样的干燥效果，需要更多的时间。在干燥 4 h 之前，怀山药片 2 mm 厚度的干燥速率比其他厚度物料明显要快得多；后期由于物料水分比 *MR* 已非常低，干燥速率也随之变低。辐射源的加入使其干燥速率比恒温 CT–10℃增加，辐射强度与厚度耦合作用能够加剧物料的失水和温度变化。干燥速率并不是简单地与物料厚度成反比，而是随着含水率的增加，物料厚度对干燥速率影响也增大，这与水分在物料内部的存在状态有关。

4. 物料形状对干燥过程的影响

按照 5.3.2.3 试验方法，得到试验结果如图 5-14 所示。

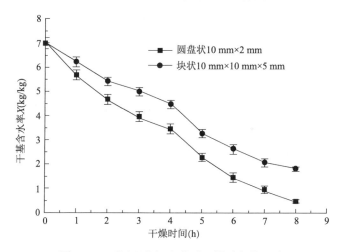

图 5-14　不同形状怀山药对干燥过程的影响

图 5-14 可以看出，圆盘状比块状的怀山药干燥过程要快，这是因为对于相同质量的物料，圆盘状的表面积比块状物料大得多，而且圆盘状物料在干燥过程中换热和传质过程都更为强烈。Wolff 等曾对不同形状的马铃薯进行过实验研究，得出相同尺寸时球形物料干燥过程最为迅速。

5. 干燥方式对干燥速率和能耗的影响

按照 5.3.2.3 试验方法，得到试验结果如图 5-15 所示。

由图 5-15 可以看出，干燥方式对干燥速率的影响显著。随着干燥过程的进行，干燥速率逐渐降低并无明显的恒速干燥阶段。在干燥初期，FD 的干燥速率高于 AFD 的干燥速率，干燥后期由于 AFD 多模式给热，干燥速率高于 FD。干燥能耗

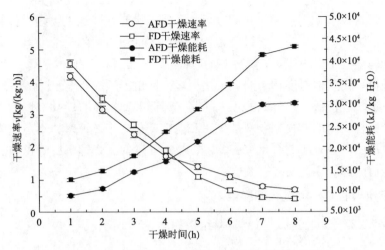

图 5-15　干燥方式对干燥速率和能耗的影响曲线

随着干燥时间的增加而逐渐增加，干燥方式对干燥能耗的影响显著。FD 的干燥能耗为 45 600 kJ/kg H_2O；AFD 的干燥能耗为 30 552 kJ/kg H_2O，比 FD 的干燥能耗降低了 1/3。与 Wolff 和 Gibert（1990b）得到的试验结果相一致，Wolff 以土豆片为待干燥物料，对常压吸附剂流化床冷冻干燥和真空冷冻干燥的能耗做了对比试验分析，得出产品品质与真空冷冻干燥基本一致，但较前者能量节省约 1/3。因此，AFD 干燥过程有利于干燥能耗的降低。

5.3.4　小结

（1）搭建了一套基于涡流管制冷效应的 AFD 处理试验装置，该装置将涡流管作为常压冻干装置的除湿冷源，可以提供满足 AFD 条件下的对流换热冷气流介质，从而可直接降低物料表面的水蒸气分压，使干燥器中的水蒸气分压低于物料内部水的三相点压力，实现常压条件下的冷冻干燥，可代替传统的真空冷冻干燥技术。

（2）对一定结构的涡流管，可以通过调节其热端调节阀开度来改变冷气流率，进而获得一个特定的涡流管进口压力，在此压力下可获取最佳制冷效应。

（3）在涡流管制冷常压冷冻干燥过程中，物料的性质及内部结构对干燥过程影响较大。通过适当减小物料厚度和采用对流辐射耦合变温给热模式均可以提高干燥速率。在对流辐射耦合变温给热模式下，物料表面和物料中心温度之间的温度差增大，使得干燥速率增加，干燥过程均处于降速阶段，未发现明显的恒速干燥过程。干燥箱内温度略高于物料三相点温度时，干燥过程仍可正常进行。AFD

的干燥能耗约比 FD 降低了 1/3，AFD 过程有利于干燥能耗的降低。

5.4　怀山药常压冷冻干燥质量衰退控制

5.4.1　引言

本节以新鲜怀山药为原料，通过三因素二次通用旋转组合试验设计，进行怀山药常压冷冻干燥试验，建立多糖含量、皂苷含量、复水率的回归方程，并进行显著性检验，以期得到怀山药常压冷冻干燥质量衰退控制最佳操作工艺参数。

5.4.2　试验材料与方法

5.4.2.1　材料与试剂

怀山药：购于河南洛阳大张盛德美超市，选择个体完整、粗细均匀、无机械损伤、肉质洁白、产区为河南沁阳市的新鲜铁棍怀山药。

无硫复合护色液：同 3.2.2。

试剂：葡萄糖、石油醚、无水乙醇、苯酚、浓硫酸、高氯酸、香草醛、乙酸、正丁醇、薯蓣皂苷、甲醇（均为分析纯）。

5.4.2.2　试验仪器及设备

试验仪器及设备同 5.3.2。

5.4.2.3　试验方法

1. 常压冷冻干燥

常压冷冻干燥同 5.3.2。

2. 怀山药复水率的测定

怀山药复水率的测定同 4.2.2。

3. 怀山药多糖得率的提取测定

怀山药多糖得率的提取测定同 4.2.2。

4. 怀山药薯蓣皂苷的提取测定

本试验中怀山药的薯蓣皂苷采用参考文献中方法提取、采用参考文献测定略改动。其标准液配制：称取薯蓣皂苷对照品 5 mg 加甲醇溶解，转入 50 ml 容量瓶中，用甲醇定容，摇匀，配制成质量浓度为 0.1 mg/ml 的标准液。

绘制标准曲线：分别吸取薯蓣皂苷标准液 0 ml、0.2 ml、0.4 ml、0.6 ml、0.8 ml、1.0 ml、1.2 ml 于具塞试管中，水浴挥干溶剂，再分别加 5%香草醛-乙酸溶液 0.2 ml 和高氯酸 0.8 ml 混匀，密封，置于 60℃水浴中显色 15 min，取出后立即冰水冷却 5 min，各加入乙酸 5.0 ml 摇匀，静置 10 min，以空白为参比，在 550 nm 处测吸光值。得到的标准曲线为 $y=0.3341x-0.0002$，$R^2=0.999$[式中，y 为皂苷含量（mg），x 为吸光值]。皂苷得率公式：

$$\gamma = \frac{m_2}{m_1} \times 100\% \tag{5-7}$$

式中，γ 为皂苷得率；m_2 为试验测定的皂苷含量；m_1 为试验样品的质量。

干制怀山药 1 g→粉碎→50 ml 石油醚，60℃回流 2 h（除脂）→过滤，弃滤液，滤渣用 50 ml 80%的乙醇，60℃回流提取 2 h→过滤，滤液浓缩至 15 ml→加 5 ml 水饱和正丁醇萃取 3 次→正丁醇层浓缩至无醇味→甲醇溶解定容到 10 ml 容量瓶中，高氯酸-香草醛-乙酸反应比色法测薯蓣皂苷含量。

水饱和正丁醇溶液：在 150 ml 的分液漏斗中加入 21 ml 水和 100 ml 正丁醇，振摇 3 min 后，静置分层，除去下层，上层则为水饱和正丁醇溶液。

5. 二次通用旋转组合试验设计

1）因素水平编码表的编制

通过单因素试验得出干燥温度、进口压力和切片厚度对怀山药的干燥影响显著，因此，选择干燥温度、进口压力和切片厚度为试验研究因素，干燥温度的取值为 $-15℃ \leqslant X_1 \leqslant -5℃$，进口压力的取值为 $0.3 \text{ MPa} \leqslant X_2 \leqslant 0.6 \text{ MPa}$，切片厚度的取值为 $2 \text{ mm} \leqslant X_3 \leqslant 10 \text{ mm}$，若 x_{2j}、x_{1j} 分别表示 x_j 的上水平和下水平，则

$$x_{0j} = \frac{1}{2}\left(x_{1j} + x_{2j}\right) \tag{5-8}$$

为 x_j 的零水平，变化区间为

$$\Delta_j = \frac{1}{r}\left(x_{2j} - x_{0j}\right) \tag{5-9}$$

则通过变换：

$$z_j = \frac{x_j - x_{0j}}{\Delta_j} \tag{5-10}$$

因素水平编码表见表 5-2。

表 5-2　常压冷冻干燥工艺的因素水平编码表

X（编码空间）	因素（实际空间）		
	Z_1 干燥温度(℃)	Z_2 进口压力（MPa）	Z_3 切片厚度(mm)
1.682（z_{2j}）	−5	0.6	10
1（$z_{0j}+\Delta_j$）	−7.03	0.539	8.38
0（z_{0j}）	−10	0.45	6
−1（$z_{0j}-\Delta_j$）	−12.97	0.361	3.62
−1.682（z_{1j}）	−15	0.3	2
Δ_j	2.97	0.089	2.38

2）三因素二次回归通用旋转组合设计试验方案

通过组合设计来进行二次回归通用旋转组合设计，其中 n 个试验点由三类试验点组合而成：

$$n = m_c + m_r + m_0 = m_c + 2p + m_0 \tag{5-11}$$

由 $p=3$ 查表得 $m_0=6$，$n=20$，$r=1.682$。

二次通用旋转组合试验设计见表 5-3。

表 5-3　常压冷冻干燥工艺的试验次数设计

因素个数	m_c	星号臂	$2p$	m_0	试验总次数 n
3	8	1.682	6	6	20

根据上述因素水平编码表和试验次数，其总体试验方案见表 5-4。

表 5-4　常压冷冻干燥工艺的三因素二次回归通用旋转组合设计试验方案

试验号	Z_1	Z_2	Z_3
1	1	1	1
2	1	1	−1
3	1	−1	1
4	1	−1	−1

试验号	Z_1	Z_2	Z_3
5	−1	1	1
6	−1	1	−1
7	−1	−1	1
8	−1	−1	−1
9	−1.682	0	0
10	1.682	0	0
11	0	−1.682	0
12	0	1.682	0
13	0	0	−1.682
14	0	0	1.682
15	0	0	0
16	0	0	0
17	0	0	0
18	0	0	0
19	0	0	0
20	0	0	0

利用方差分析，进行回归方程的拟合度检验和显著性检验，可将不显著项直接剔除，使预测模型方程简化。分析三因素及其交互作用对各指标的影响，由此确定各因素，进而得到怀山药常压冷冻干燥质量衰退控制最佳操作工艺参数。

5.4.3 结果与分析

以多糖得率和皂苷得率为指标，采用二次通用旋转组合试验设计方法设计了怀山药片的常压冷冻干燥回归试验，回归试验结果见表 5-5。

表 5-5 常压冷冻干燥工艺的三因素二次通用旋转组合设计试验结果

试验号	Z_1 干燥温度（℃）	Z_2 进口压力（MPa）	Z_3 切片厚度（mm）	Y_1 多糖得率（%）	Y_2 皂苷得率（%）	Y_3 复水率（%）
1	1	1	1	8.97	0.35	64.87
2	1	1	−1	7.52	0.41	84.52

续表

试验号	Z_1 干燥温度（℃）	Z_2 进口压力（MPa）	Z_3 切片厚度（mm）	Y_1 多糖得率（%）	Y_2 皂苷得率（%）	Y_3 复水率（%）
3	1	−1	1	9.75	0.28	56.91
4	1	−1	−1	8.14	0.34	81.97
5	−1	1	1	8.11	0.34	50.85
6	−1	1	−1	6.78	0.41	79.29
7	−1	−1	1	9.06	0.27	60.45
8	−1	−1	−1	7.71	0.32	76.33
9	−1.682	0	0	7.08	0.19	78.54
10	1.682	0	0	8.54	0.21	86.88
11	0	−1.682	0	9.19	0.41	59.12
12	0	1.682	0	7.36	0.51	65.85
13	0	0	−1.682	6.64	0.47	92.78
14	0	0	1.682	8.79	0.38	47.43
15	0	0	0	7.46	0.37	82.89
16	0	0	0	7.35	0.36	79.83
17	0	0	0	7.36	0.39	78.74
18	0	0	0	7.41	0.4	81.17
19	0	0	0	7.28	0.38	76.76
20	0	0	0	7.34	0.36	80.43

1. 回归模型

根据各指标试验结果，采用 DPS 数据处理软件进行处理分析，得出多糖得率、皂苷得率和复水率的回归模型如下。

多糖得率模型：

$$Y_1 = 7.357\ 34 + 0.378\ 96Z_1 - 0.465\ 53Z_2 + 0.685\ 07Z_3 + 0.217\ 37Z_1^2 + 0.381\ 77Z_2^2$$
$$+ 0.183\ 78Z_3^2 + 0.060\ 00Z_1Z_2 + 0.047\ 50Z_1Z_3 - 0.022\ 50Z_2Z_3 \tag{5-12}$$

皂苷得率模型：

$$Y_2 = 0.377\ 34 + 0.005\ 39Z_1 + 0.034\ 28Z_2 - 0.028\ 66Z_3 - 0.066\ 84Z_1^2 + 0.025\ 08Z_2^2$$
$$+ 0.012\ 71Z_3^2 - 0.002\ 50Z_1Z_2 - 0.000\ 00Z_1Z_3 - 0.002\ 50Z_2Z_3 \tag{5-13}$$

复水率模型：

$$Y_3 = 80.030\ 39 + 2.590\ 36Z_1 + 1.112\ 15Z_2 - 12.103\ 76Z_3 + 0.574\ 06Z_1^2 - 6.576\ 56Z_2^2$$
$$- 3.882\ 48Z_3^2 + 2.143\ 75Z_1Z_2 - 0.048\ 75Z_1Z_3 - 0.893\ 75Z_2Z_3 \tag{5-14}$$

式中，Y_1、Y_2、Y_3 分别为怀山药多糖得率、皂苷得率、复水率；Z_1、Z_2、Z_3 分别为自变量干燥温度、进口压力和切片厚度的编码值。

2. 模型显著性检验

对各回归方程进行方差分析，结果见表 5-6、表 5-7、表 5-8，根据方差分析，进行回归方程的拟合度和显著性检验。

表 5-6　常压冷冻干燥工艺怀山药多糖得率回归方程的方程检验表

检验类别	方差来源	平方和	自由度	均方	F	显著水平
	Z_1	20.212 9	1	20.212 9	512.530 2	$\alpha=0.01$
	Z_2	30.502 5	1	30.502 5	773.439 2	$\alpha=0.01$
	Z_3	66.0549	1	66.054 9	1 674.926	$\alpha=0.01$
	Z_1^2	7.017 5	1	7.017 5	177.939 6	$\alpha=0.01$
系数检验	Z_2^2	21.646 9	1	21.646 9	548.890 9	$\alpha=0.01$
	Z_3^2	5.016 4	1	5.016 4	127.197 8	$\alpha=0.01$
	Z_1Z_2	0.296 8	1	0.296 8	7.526 13	$\alpha=0.05$
	Z_1Z_3	0.186	1	0.186	4.716 9	$\alpha=0.1$
	Z_2Z_3	0.041 7	1	0.041 7	1.058 36	不显著

续表

检验类别	方差来源	平方和	自由度	均方	F	显著水平
失拟检验	失拟	0.375 2	5	0.075	19.612	不失拟
	误差	0.019 1	5	0.003 8		
方程检验	回归	14.197 1	9	1.577 5	39.999	$\alpha=0.01$
	剩余	0.394 4	10	0.039 4		
	总和	14.591 5	19			

注：$F_{0.01}$（1, 10）=10.04，$F_{0.01}$（9, 10）=4.94

表 5-7 常压冷冻干燥工艺怀山药皂苷得率回归方程的方程检验表

检验类别	方差来源	平方和	自由度	均方	F	显著水平
系数检验	Z_1	0.000 4	1	0.000 4	1.488 88	不显著
	Z_2	0.018	1	0.018	60.187 32	$\alpha=0.01$
	Z_3	0.012 6	1	0.012 6	42.056 82	$\alpha=0.01$
	Z_1^2	0.072 4	1	0.072 4	241.447 97	$\alpha=0.01$
	Z_2^2	0.010 2	1	0.010 2	34.000 06	$\alpha=0.1$
	Z_3^2	0.002 6	1	0.002 6	8.727 81	$\alpha=0.05$
	$Z_1 Z_2$	0.000 1	1	0.000 1	0.187 5	不显著
	$Z_1 Z_3$	0	1	0	0	不显著
	$Z_2 Z_3$	0.000 1	1	0.000 1	0.187 5	不显著
失拟检验	失拟	0.001 7	5	0.000 3	1.248	不失拟
	误差	0.001 3	5	0.000 3		
方程检验	回归	0.110 8	9	0.012 3	41.067	$\alpha=0.01$
	剩余	0.003	10	0.000 3		
	总和	0.113 8	19			

注：$F_{0.01}(1, 10)=10.04$，$F_{0.05}(1, 10)=4.96$，$F_{0.01}(9, 10)=4.94$

表 5-8　常压冷冻干燥工艺怀山药复水率回归方程的方程检验表

检验类别	方差来源	平方和	自由度	均方	F	显著水平
	Z_1	207.414 6	1	207.414 6	20.812 76	$\alpha=0.01$
	Z_2	38.233 7	1	38.233 7	3.836 51	$\alpha=0.1$
	Z_3	4 528.560 1	1	4 528.560 1	454.412 87	$\alpha=0.01$
	Z_1^2	10.749 4	1	10.749 4	1.078 64	不显著
系数检验	Z_2^2	1 410.811 6	1	1 410.811 6	141.566 18	$\alpha=0.01$
	Z_3^2	491.689	1	491.689	49.337 93	$\alpha=0.01$
	$Z_1 Z_2$	83.216	1	83.216	8.350 21	$\alpha=0.05$
	$Z_1 Z_3$	0.043	1	0.043	0.004 32	不显著
	$Z_2 Z_3$	14.464 1	1	14.464 1	1.451 38	不显著
失拟检验	失拟	77.642 8	5	15.528 6	3.527	不失拟
	误差	22.014 6	5	4.402 9		
方程检验	回归	2 961.399 4	9	329.044 4	33.018	$\alpha=0.01$
	剩余	99.657 4	10	9.965 7		
	总和	3 061.056 9	19			

注：$F_{0.01}(1, 10)=10.04$，$F_{0.05}(1, 10)=4.96$，$F_{0.01}(9, 10)=4.94$。

由表 5-6、表 5-7 和表 5-8 可知，模型显著水平 $P<0.05$，回归方程显著，该模型可用于怀山药品质影响规律的分析。将 $\alpha=0.10$ 显著水平剔除不显著项后，简化后回归方程模型如下。

多糖得率模型：

$$Y_1 = 7.357\ 34 + 0.378\ 96Z_1 - 0.465\ 53Z_2 + 0.685\ 07Z_3 + 0.217\ 37Z_1^2 \\ + 0.381\ 77Z_2^2 + 0.183\ 78Z_3^2 + 0.060\ 00Z_1Z_2 + 0.047\ 50Z_1Z_3 \tag{5-15}$$

皂苷得率模型：

$$Y_2 = 0.377\ 34 + 0.034\ 28Z_2 - 0.028\ 66Z_3 - 0.066\ 84Z_1^2 \\ + 0.025\ 08Z_2^2 + 0.012\ 71Z_3^2 \tag{5-16}$$

复水率模型：

$$Y_3 = 80.030\ 39 + 2.590\ 36Z_1 + 1.112\ 15Z_2 - 12.103\ 76Z_3 \\ - 6.576\ 56Z_2^2 - 3.882\ 48Z_3^2 + 2.143\ 75Z_1Z_2 \tag{5-17}$$

根据二次通用旋转组合设计因子与编码变换公式：

$$Z_j = \frac{X_j - X_0}{\Delta_j} \tag{5-18}$$

可得

$$Z_1 = \frac{X_1 + 10}{2.97}; \quad Z_2 = \frac{X_2 - 0.45}{0.089}; \quad Z_3 = \frac{X_3 - 6}{2.38} \tag{5-19}$$

可分别将上述公式代入公式（5-15）～（5-17），利用 Matlab 数据处理软件得到关于自变量的数学模型：

$$\begin{aligned}
Y_1 = {}& 21.226\,45 + 0.477\,891X_1 - 46.337\,8X_2 - 0.034\,34X_3 + 0.024\,64X_1^2 \\
& + 48.197X_2^2 + 0.032\,44X_3^2 + 0.226\,99X_1X_2 + 0.006\,719X_1X_3
\end{aligned} \tag{5-20}$$

$$\begin{aligned}
Y_2 = {}& 0.240\,47 - 0.151\,55X_1 - 2.464\,5X_2 - 0.038\,968X_3 - 0.007\,577\,5X_1^2 \\
& + 3.166\,3X_2^2 + 0.002\,243\,8X_3^2
\end{aligned} \tag{5-21}$$

$$\begin{aligned}
Y_3 = {}& -115.66 - 2.777\,4X_1 + 840.84X_2 + 3.139\,4X_3 - 830.27X_2^2 \\
& - 0.685\,42X_3^2 + 8.110\,1X_1X_2
\end{aligned} \tag{5-22}$$

式中，Y_1、Y_2、Y_3 分别为怀山药的多糖得率、皂苷得率、复水率；X_1、X_2、X_3 分别为自变量干燥温度、进口压力和切片厚度的实际值。

3. 模型验证及参数优化

1）模型验证

将上述试验设计方案的试验值带入各模型计算出其预测值，图 5-16、图 5-17 和图 5-18 为各模型预测值和实测值的拟合关系。

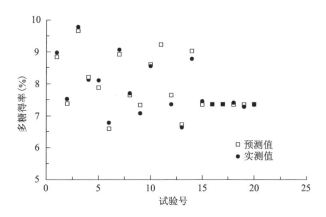

图 5-16　常压冷冻干燥工艺怀山药多糖得率预测值与实测值的拟合关系

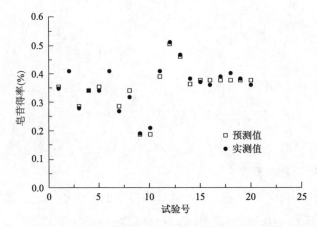

图 5-17　常压冷冻干燥工艺怀山药皂苷得率预测值与实测值的拟合关系

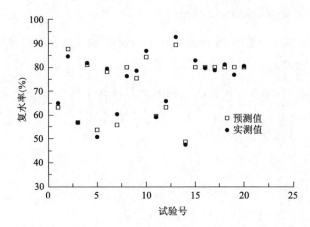

图 5-18　常压冷冻干燥工艺怀山药复水率预测值与实测值的拟合关系

　　从图 5-16、图 5-17 和图 5-18 可知，预测值与实测值相接近，所建立的回归方程与实际值拟合性较好。

　　2）参数优化

　　利用 DPS 数据分析软件分别对上述拟合数学模型进行参数优化。

　　当干燥温度为–5℃、进口压力为 0.3 MPa、切片厚度为 10 mm 时，多糖得率最高，为 12.11%；当干燥温度为–10℃、进口压力为 0.6 MPa、切片厚度为 2 mm 时，皂苷得率最高，为 0.59%；当干燥温度为–5℃、进口压力为 0.45 MPa、切片厚度为 2 mm 时，复水率最高，为 93.76%。

5.4.4　小结

本节采用三因素二次通用旋转组合试验设计，分别建立了多糖得率、皂苷得率、复水率回归数学模型，分析了干燥温度、进口压力和切片厚度对怀山药干燥品质指标的影响规律，分别建立了多糖得率 Y_1、皂苷得率 Y_2 和复水率 Y_3 的数学模型：

$$Y_1 = 21.226\ 45 + 0.477\ 891X_1 - 46.337\ 8X_2 - 0.034\ 34X_3 + 0.024\ 64X_1^2 + 48.197X_2^2$$
$$+ 0.032\ 44X_3^2 + 0.226\ 99X_1X_2 + 0.006\ 719X_1X_3$$

$$Y_2 = 0.240\ 47 - 0.151\ 55X_1 - 2.464\ 5X_2 - 0.038\ 968X_3 - 0.007\ 577\ 5X_1^2 + 3.166\ 3X_2^2$$
$$+ 0.002\ 243\ 8X_3^2$$

$$Y_3 = -115.66 - 2.777\ 4X_1 + 840.84X_2 + 3.139\ 4X_3 - 830.27X_2^2 - 0.685\ 42X_3^2$$
$$+ 8.110\ 1X_1X_2$$

对上述方程显著性检验和失拟检验，得到的回归方程显著不失拟，因此该数学模型可用于怀山药品质影响规律的分析。

第6章 常压冷冻干燥处理过程中
气流场分布及模型的构建

6.1 概 述

6.1.1 常压冷冻干燥建模与仿真

在常压冷冻干燥建模与仿真研究方面，较通用的数学模型仍不多见，目前主要以基于冰界面均匀退却模型（URIF）的数值模拟为主。Wolff 和 Gilbert（1990b）基于 URIF，提出了不同质量比微粒吸附剂（淀粉）参与下的流化床常压冷冻数学模型并对模型进行了验证。Li 等（2007）基于流体动力学和 URIF，提出了冰汽界面薄层升华模型。该模型适用于在局部热力学平衡条件下由实际冰壁升华出的蒸汽薄层。Claussen 等（2007）在 URIF 基础之上，通过在隧道干燥机内利用常压冷冻处理食品的理论干燥曲线，进而简化了数学模型。该模型可利用常压冷冻技术模拟隧道干燥机中，工业化干燥处理不同类型的食品，其模拟值与实验值拟合良好。Heldman 和 Hohner（1974）提出了一个简单的常压冷冻数学模型并通过试验进行了验证，常压冷冻干燥速率随干燥物料颗粒尺寸减小和表面传质系数的增加而升高的影响结论出人意料。Lombrana 和 Villaran（1996）分析了球形坐标下的干燥模型，由于该模型需要先对温度和压力驱动力进行测定，因此增加了求解难度。Alves-Filho（2010）应用扫描数值法模拟预测鱼肌肉蛋白颗粒的常压冷冻干燥传质过程，预测值与传质实验数据最大偏差低于 4%，表明模型能够很好地表征鱼肌肉蛋白常压冷冻干燥过程中的质量传递。Michael 等（2011）对常压冷冻干燥处理食品模型的韦伯分布进行了改进。非线性回归分析显示，模型与实验值拟合性良好（R^2>0.999, χ^2<0.0001）。冯洪庆和李惟毅（2007）建立了粒状物料球坐标下常压冷冻干燥传热过程的理论模型，并适当简化了模型，主要考虑传热过程，模型示意图如图 6-1 所示。

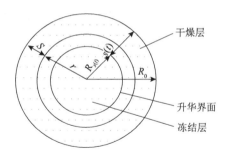

图 6-1　常压冷冻干燥模型示意图

S. 升华界面推进的距离；r. 升华界面半径；$R_{s(t)}$. t 时刻冻结层的半径；
s(t). t 时刻干燥层的厚度；R_0. 待干物料的半径

　　Lombrana 和 Villaran（1997）将 URIF 应用于球形物料上，考查压力和温度对 AFD 动力学的影响，该模型依据物料湿含量来计算升华界面的压力和温度。模型预测值和实验值拟合良好。Boeh-Ocansey（1985）利用流化床常压冷冻处理对胡萝卜的干燥动力学进行了研究，结果表明，使用活性氧化铝比活性炭可以获得更高的冻干速率，且与常规真空冻干相比，流化床常压冷冻处理物料层厚度对胡萝卜干燥动力学影响更大。Stawczyk 等（2005）对常压冷冻动力学及干燥后苹果丁的品质进行了研究，证明在较低温度（–10℃）下，常压冷冻具备与真空冻干相近的复水动力学特征和吸湿特性。Alves-Filho 等（2007）研究空气温度对常压冷冻干燥动力学及产品质量的影响，结果表明，模型很好地描述了干燥过程。

　　综上所述，目前已有的常压冷冻模型都假设升华界面退却是均匀的，这是在常规真空冷冻理论基础上发展出来的。但事实上在对流环境下，升华界面移动比真空状态下更为复杂。因此建立较为简单通用的常压冷冻干燥数学模型，并对对流环境中的流场分布情况进行数值模拟，分析有关因素影响，对于这种新型干燥技术的发展具有重要意义。

6.1.2　计算机流体动力学及其在食品中的应用

1. 计算机流体动力学

　　计算机流体动力学（computational fluid dynamics，CFD），运用强大的计算机结合应用数学来模拟流体的流动情况。CFD 在分析流动及传热现象时，将空间域上连续物理量的场（速度场、温度场）用一系列有限个离散点上的变量值的集合来代替，并建立相关代数方程组，最后求解这些方程组来获得场变量的近似解。

　　CFD 对流体进行的数值模拟可以看作在质量、动量、能量 3 个基本守恒方程的控制下进行的。通过用数值模拟来处理复杂问题，可以得到不同的基本物理量在流场内的分布情况，并且还能得到这些物理量随着时间所发生的变化情况，确定这些基本物理量的分布特性，并能推导出其他有关的物理量。

CFD不仅有很强的适应性，而且应用的领域很广。流动问题的控制方程通常都是非线性的，有很多的自变量，再加上有些计算域的几何形状比较复杂，在设置边界条件的时候较为困难，只能采用CFD方法来获得满足各种工程上需要的数值解；同时，可利用PC进行多种流动参数下的物理方程中每一项有效性和灵敏性的模拟实验，进而分析比较这些方案。另外CFD方法不受物理模型和实验条件的限制，避免了大量人力、物力资源的浪费及时间的消耗，灵活性强，并能给出详细和完整的资料，对一些剧毒、高温的现实条件和试验中设置的理想化条件也可以进行数值模拟。

自数字式计算机问世以来，CFD技术便受到了世界各地的广泛关注，在20世纪60年代末期，CFD技术在流体动力学各个方面的发展和应用就出现了大幅的增长，在目前的设计和开发上，CFD技术不仅仅只作为预测流体运动的数值模拟工具，凡是涉及传热传质、相变、化学反应、机械运动及固体结构的应激变形等现象的都可以采用CFD来进行模拟分析。同时CFD的三维显示功能，能够以动画的形式来展现不同的流动过程，使模拟的结果变得生动直观，方便研究者对问题的深入分析。由于它强大的模拟预测和三维显示能力，现在不仅作为一个研究工具，而且成为许多公司在工程设计和环境分析方面的设计工具，如水利和土木工程、环境工程、工业制造等领域。

对于常压冷冻干燥仓内气流场的模拟，CFD方法与具体的研究内容相结合，不仅能够直观地展现仓内气流的分布情况，而且节省了时间和人力，同时对研究不同干燥机仓内流场的流动特性也起到了重要的指导作用。

2. CFD技术在食品中的应用

近年来，随着计算机技术的迅猛发展，它不仅仅只作为一个独立的研究领域存在，而是和其他许多研究领域结合到一起，共同推动科学技术的发展。计算机流体动力学技术就是一个典型的例子。CFD技术最早被人们用来研究航空工业、汽车制造业及建筑工程中存在的质热传递和流体流动问题。近些年也越来越多地用于研究食品工业中存在的流体运动情况，包括干燥室、烘箱和冷冻室的气流流动，连续流动体系中的食品流动，容器内热处理时的对流形式等。

1）在食品干燥工艺中的应用

干燥是食品加工过程中的一种常见方法，干燥速率与气流分布和气流速度有着紧密的关系。因此对干燥室内气流流量和流速的发展情况进行详细的了解可以确保产品获得一个较高的干燥速率和较优的干燥效果。然而在实际操作过程中，仓内的气流量和流速是难以测量的，因为需要在仓内的不同方向放置多个传感器，即使模拟这一复杂湍流现象也是相当困难的。而采用 CFD 技术就可以很好地帮助预测干燥过程。

目前,已经有很多研究者用 CFD 来模拟干燥过程中的气流流量和流速的分布特性。Mthioulakis 等(1998)采用计算机流体动力学技术模拟了间歇式托盘空气干燥机内气流场的运动情况,试验结果表明,水果的干燥程度取决于它们在干燥机中的位置,从 CFD 模拟的压力场和速度场的结果可以看出,水果的干燥速率和水分含量变化不同的主要原因是干燥机内气流的分布不均匀。Mirade 和 Daudin(2000)研究了香肠干燥仓内速度场的分布情况,CFD 能够预测填料高低对气流形态的影响,并且可以识别气流流动水平区域的测量误差,虽然干燥仓内气流的流动形态和流速可通过 CFD 预测,但是用 CFD 模拟如何控制干燥过程,并降低能源成本仍是需要进一步研究的课题。殷勇等(1993)结合流体力学理论对箱式热风穿流干燥室内的风速场和温度场进行了研究,并提出了优化方案。施娥娟(2006)对多层带式干燥机内的速度场进行了 CFD 模拟及检验,并针对干燥机箱内风速分布不均问题提出了 5 种优化方案。陆锐(2012)在有均风板和无均风板两种情况下研究了立式干燥机内风速场的均匀性,结果表明,均风板能够明显改善空气的速度均匀性。代建武等(2013)为了改善气体射流冲击干燥机内流场的结构,提高喷管速度分布均匀性,采用 CFD 技术对气流分配室内的流场进行了数值模拟,并提出了三类优化的方法。陈红意和赵满全(2012)运用 CFD 技术对干燥箱内的温度场和气流场进行了三维建模仿真,并且对物料摆放的不同方式下气流场的变化情况进行了分析,结果发现,当物料横放时的速度场分布最均匀,干燥效果最好,为干燥机的设计和提高加热效率提供了指导。

食品干燥设备中气流场分布不均匀是常见问题,很多学者都对已建成的设备进行过一些合理的优化,如果能提前对干燥机内的气流场进行模拟仿真,就可以减少财力和人力的损失。利用 CFD 技术就可以很直观地看到干燥机内气流场的分布情况,为干燥设备的设计和优化提供很大的参考价值。喷雾干燥器在食品工业中主要用来生产一些速溶产品,然而,其性能在很大程度上受干燥器内复杂的气流运动和雾化模式的影响,因此工程师在设计的过程中出现了一些问题。将 CFD 技术应用于喷雾干燥器的优化设计,能够提供设计所需的一些必要参数,降低了设计的困难程度。Kieviet 等(1997)模拟并测量了喷雾干燥器中气流的运动模式,分析了空气入口几何形状及喷雾锥角度对喷雾干燥器壁沉积速率的影响。尤小军(2007)用 CFD 数值模拟的方法研究了单嘴混流压力式喷雾干燥塔内雾化液滴粒径及分布,塔内温度场、速度场的分布情况,为干燥塔的优化设计提供了理论依据。朱国鹏(2012)对回热式热泵干燥装置进行了数值模拟与性能研究,采用 CFD 技术对干燥室内的空气循环情况进行模拟,研究干燥室内温度场和速度场的分布规律,为干燥机的设计提供指导,并用 TRNSYS 软件建立仿真模型,对干燥系统的性能进行了分析。沈剑英和赵云（2008）运用 CFD 模拟技术设计的食品干燥机，由于干燥仓的结构参数提前经过优化了，因此仓内的气流分布更加均匀。

2）在食品冷冻和冷藏中的应用

在易腐烂变质食品的冷藏运输、储存和冷藏陈列过程中，均匀的温度能够保证产品的质量和安全并延长产品的货架期。由于对流作用是热量传递的主要形式，因此气流的分配系统必须提供足够的冷气流，吸收来自墙壁、门窗及食品本身所产生的热量，从而避免温度升高导致的食品质量下降。解决气流和温度的分布问题是极端复杂的，近年来众多学者将 CFD 技术应用在了食品的制冷研究中。

缪晨和谢晶（2013）对冷库内气流场和温度场进行了模拟，揭示了冷库内气流的变化规律。冯欣等（2001）采用 CFD 技术对双层风幕立式陈列柜的气流场和温度场进行了模拟优化。Cortella 等（2001）用 CFD 方法分析了开放式冷藏柜内的速度和温度分布情况，结果表明，温度的预测平均值和测量平均值相差不大。胡耀华等（2012）对猕猴桃冷库内的温度场、速度场和压力场进行了 CFD 模拟，同时又对风机条件和货物堆放方式变化后的温度场进行了模拟，分析了这些因素对冷库内温度场的影响情况。尹雪梅等（2013）利用数值模拟的方法研究了冷藏陈列柜内食品包温度与室内环境之间的关系。

3）在其他食品加工领域的应用

CFD 技术除了在食品干燥和冷冻领域有较多的研究，在其他领域，如灭菌、混合、发酵、烘焙等也有相关的研究。

灭菌是提高食品安全性的有效办法，传统的加热灭菌法虽然能够杀死细菌，但是如果灭菌的温度过高或时间过长都会对食品的质量产生影响，用 CFD 技术来模拟灭菌过程中温度的分布特性，就可以对灭菌过程进行控制，保证食品的质量不被破坏。目前 CFD 技术仅应用在流质食品的加热灭菌中，在其他灭菌方式中的应用还未见报道。Abdul Ghania 等（1999）采用有限容积法对罐头食品的杀菌过程进行了 CFD 模拟。Jung 和 Fryer（1999）对罐装食品的连续杀菌过程进行了模拟，证实了食品的灭菌过程可以采用 CFD 技术。

食品工业中的混合涉及气态、液态和固态的物质，并且混合是食品加工中最重要的一个操作单元。但混合是一个多相交互的复杂问题，利用 CFD 技术可以对搅拌槽内的现象进行预测。Sahu 等（1999）研究后发现叶轮在搅拌器中的位置对物料的混合过程也产生了重要的影响。利用 CFD 技术对搅拌槽内的混合过程进行了模拟，并改进了叶轮和容器的几何结构，用 CFD 技术可有效地解决叶轮和容器的结构对传质过程的影响，并且能够缩短搅拌时间。

在发酵制品的连续性操作过程中，成熟阶段是至关重要的，因为产品的质地、香味和风味都是在这一步形成的，许多研究者发现导致产品质量下降的主要原因是没有控制好成熟阶段，因此控制好成熟阶段时房间的气流和气候条件是非常重要的。然而工业厂房内的气流分布是不均匀的，这对发酵食品的成熟过程产生了很大的影响。目前已有报道将 CFD 技术用于预测催熟室内的气流场和温度场。Pierre-Sylvain（2008）采用 CFD 方法对不同成熟期发酵产品的室内气流进行了模拟研究，结果表明用 CFD 模拟的方法来控制发酵食品成熟阶段的环境条件是可行的。

在食物的烘焙过程中，如果烘箱内的温度分布不均匀，就会对食品的质量造成影响，CFD 技术能够模拟对流、传导、辐射三大热量传递的过程，因此可以用 CFD 来模拟烘箱中温度的分布情况并对温度分布不均匀的烘箱进行优化，同时还能够预测烘烤过程中物料的传热和温度分布情况。目前已有学者将 CFD 技术应用于烘烤领域。Chhanwal 等（2010）用三种不同的辐射模型模拟了电加热炉中面包的烤制过程，三个模型预测的结果几乎相同，并且与实验结果吻合较好。Verboven 等（2000）用 CFD 方法模拟了对流传热烤箱中的气流场，并对模拟结果进行了实验验证，计算误差是实际速度测量值的 22%。Therdthai 等（2004）对 CFD 技术用于优化烘箱的设计以提高烘箱效率和产品品质的文献进行了综述。

6.2　常压冷冻干燥仓内气流场的数值模拟理论与方法

当用 CFD 技术求解某一实际问题时，首先要根据问题的具体情况来确定求解的对象，求解对象选择的正确性直接影响了相关模型、边界条件及最后计算方法的选择，同时一般在 CFD 模拟中常视问题的具体情况采用二维或三维模型对目标进行模拟，本节是研究干燥仓内气流场的分布状况，为了确保模拟的准确性，选择三维模型进行研究。

6.2.1　模型及控制方程

在自然界中，所有流体的运动都要遵循三个最基本的守恒定律，即质量守恒定律、动量守恒定律、能量守恒定律，它们在流体力学中体现为连续方程、动量方程和能量方程。可以说流体运动受物理守恒定律的支配，而控制方程就是对这些守恒定律的数学描述，在对模型合理简化及假设的前提下，对需要模拟的过程进行一般性描述，并通过控制方程加以表示，可以获得具有工程实际意义的模拟结果。

1. 物理模型的确立与简化

常压冷冻干燥机工作时，物料均匀地平铺在物料盘上，干燥仓的壁面为钢板，顶面有辐射加热的辐射板，左面的孔板连接着涡流管的冷端管。干燥时，空气经空气压缩机进入涡流管后，依靠涡流管的能量分离作用产生冷热两股气流，冷气流通过冷端管并经均风板均布后进入干燥仓中，从左至右吹过平铺在物料盘上的物料，并通过排风口排出仓外，风速的大小可通过涡流管热端调节阀开度进行调节（图 6-2）。

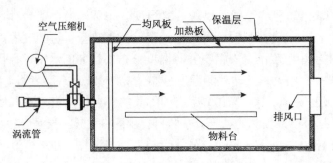

图 6-2　常压冷冻干燥台示意图

在这个过程中，通过对流和辐射作用实现物料与气流之间的热量与水分的传递，因本节主要考虑的是速度场的分布情况，所以忽略干燥过程中能量传递的影响。

本节考查的是干燥过程中干燥仓内速度场的分布情况，因此模拟的区域包括预干燥物料在内的干燥仓。建立干燥仓的物理模型，并对模型进行合理的简化，对干燥仓的冷气流入口和冷气流出口用相应的边界条件表示，由于涡流管产生的冷气流温度很低，并且干燥设备是在室内，因此气流进入干燥仓前又经均风板减压和均布可以忽略气流压力和干燥仓壁面换热边界的影响。考虑到模拟的干燥过程是在通风稳定时的速度分布情况，因此可以看作近似的定常问题来进行处理，计算域内气流通过的物料堆积区域可以看作与物料物性等效的多孔介质区域，并采用 Fluent 中的多孔介质模型进行计算。

2. 流动模型的选择

干燥时，冷气流通过干燥仓在保证物料不融化的同时带走物料的水分，因此在对 AFD 干燥仓内部速度场进行模拟的过程中，仓内气流的运动是主要考查的内容。

任何流体都是有黏性的，黏性流动又包括层流和湍流两种形态，这两种流动形态有着完全不同的流动性质。层流是运动规则的流体运动，层与层之间互相不干扰，质点的轨迹线光滑且流场稳定。湍流在自然界中的存在极其普遍，其特点是运动非常不规则，层与层之间剧烈缠绕，每一点的速度随机变化，质点轨迹线不仅混乱而且流场很不稳定。层流与湍流在特定条件下能相互转化，其转化的依据就是临界雷诺数。例如，圆形管道的临界雷诺数为 2320，当大于 2320 时，管道中就为湍流流动，当小于 2320 时，管道中就为层流流动。

临界雷诺数（Rec）是指当流体流经某一物体表面时，流体会部分或全部地随物体形状或外界条件的变化由层流变为湍流，这时的摩擦系统和阻力系数也会发生明显的变化，由层流向湍流过渡的雷诺数就是临界雷诺数，用数学公式表示为

$$Rec = \frac{VL}{v} \qquad (6\text{-}1)$$

式中，V 为截面平均速度；L 为特征长度；v 为流体的运动黏度。

不同形状的物体临界雷诺数也不相同，本节所研究的干燥仓是长方体，截面是一个长方形，属于异型管道，其临界雷诺数公式如下：

$$Rec = \frac{Vd_H}{v} \qquad (6\text{-}2)$$

式中，d_H 为水力直径，其表达式视流体的发展情况而定。

完全充满流体时，水力直径为

$$d_H = \frac{4lw}{2(l+w)} = \frac{2lw}{l+w} \qquad (6\text{-}3)$$

只有一半充满流体，水力直径为

$$d_H = \frac{4lw}{l+w} \qquad (6\text{-}4)$$

公式（6-3）、（6-4）中，l 为横截面的宽度；w 为截面的高度。

目前用来反映流场内气流流动的数值计算方法主要有三类。

1）直接数值模拟（direct numencal simulation，DNS）

DNS 在求解湍流问题时利用三维非稳态 Navier-Stokes 方程直接计算，处理比较复杂的湍流问题时，就要求网格与时间步长必须足够小，才可将湍流中具体的空间布局和变化剧烈的时间特征辨别出来。此方法对计算机的内存和计算速度要求很高，获得计算精度较高的结果必须使用超级计算机，因此目前还不能求解工程数值方面的问题。

2）大涡模拟（large eddy simulation，LES）

LES 是指大涡经由滤波筛选后，小于规定尺度的漩涡就会被流场筛掉，只对大涡进行计算，之后再求解附加的方程以获得小涡的解。过滤时的尺度通常为网格的尺度，因此其效率要高于 DNS，并且对系统资源的消耗更少。大涡模拟虽然对网格的精度和计算机配置的要求较高，但与直接模拟方法相比要低得多，因而

近年来对其研究及应用也日趋广泛。

3）雷诺平均 NS 方程（Reynolds Navier-Stokes，RNS）

RNS 是流场平均变量的控制方程，和它有关的模拟理论就是湍流模式理论。由 Boussinesq 假设，湍流计算转化为雷诺应力与应变之间的比例系数计算的唯一条件就是湍流雷诺应力同应变呈正相关关系。在计算过程中因变量与方程数量的不同，湍流模型可分为二方程模型、一方程模型和零方程模型等。此计算方法在工程上应用最广泛。

Fluent 中包含的湍流模拟方法有 Spalart-Allmaras 模型、standard k-ε 模型、RNG k-ε 模型、Realizable k-ε 模型、v^2-f 模型、RSM 模型和 LES 模型。具体的功能与适用范围如表 6-1 所示。

表 6-1　湍流模型的特点及适用范围

模型	特点与适用范围
Spalart-Allmaras	低成本的湍流模型，针对粗糙网格，适用于须准确计算边界层黏性影响的问题，常用于计算流动分离区附近湍流情况，之后也广泛用于涡轮机械的计算
standard k-ε	模型比较稳定，计算精度较高，应用范围广，主要用于各向同性的均匀湍流
RNG k-ε	在 standard k-ε 基础上进行的改进，适用于速度梯度较大、强旋转流等中等复杂流动
Realizable k-ε	在雷诺应力上与真实湍流保持一致，适用于平面和圆形射流计算、旋转流计算、带方向压强梯度的边界层计算等
v^2-f	与 standard k-ε 模型相似，不同的是考虑到了壁面附近湍流的各向异性问题和非局部的压强与应变的关系，常用于计算边界层和分离流
RSM	不采用涡黏度的各向同性假设，精度受限，适用于雷诺应力具有明显的各向异性的问题，如龙卷风、燃烧室内流动等带剧烈旋转的流动
LES	模拟瞬态的大尺度涡，通常和 F-W-H 噪声模型连用

本节对干燥仓速度场的数值模拟研究中，气流通过涡流管，并被均风板均布后进入干燥仓内，穿过整个干燥仓和物料层，气流流动充分发展，风速较大，湍流特性明显，因此干燥过程中气流场的模拟需要考虑湍流问题，采用 standard k-ε 模型。

3. 控制方程

对于任何一个流动问题，Fluent 都要求解质量守恒方程和动量守恒方程，如果一些流体涉及了热量传递或可压缩性，还需要求解附加的能量方程。本节对于常压冷冻干燥仓内气流场的模拟，假设流体为不可压缩流体同时也不涉及传热作用，因此不用求解能量方程。

1）质量守恒方程

质量守恒方程，又称连续性方程。假设在流场中有一个封闭的空间，将这个空间看作控制体，它的表面就称为控制面，流体经一个控制面进入控制体中，然后通过另一个控制面流出，控制体内部的流体质量在这个过程中发生了变化，按照质量守恒定律，控制体内增加的流体质量应该等于流入与流出的质量之差。用微分形式表达为

$$\frac{\partial \rho}{\partial t} + \frac{\partial}{\partial x_i}(\rho u_i) = S_m \tag{6-5}$$

此方程是质量守恒方程的一般形式，对于可压缩流体和不可压缩流体都能使用。S_m 是源项，它是由分散的二级相中添加到连续相的质量，还可是任一自定义的质量。

2）动量守恒方程

动量守恒方程，又称 $N\text{-}S$ 方程，是 CFD 进行计算的一个最基本方程，它能够准确地对实际流动特性进行描述，基本上所有的流动问题都是围绕对 $N\text{-}S$ 方程的求解进行的。在惯性坐标系中动量守恒方程微分形式表示如下：

$$\frac{\partial}{\partial t}(\rho u_i) + \frac{\partial}{\partial x_j}(\rho u_i u_j) = -\frac{\partial P}{\partial x_i} + \frac{\partial \tau_{ij}}{\partial x_j} + \rho g_i + F_i \tag{6-6}$$

式中，P 为静压；ρ 为流体的密度；τ_{ij} 为应力张量；g_i 和 F_i 分别为 i 方向上的重力体积力和外部体积力，F_i 还包括如多孔介质或其他与模型有关的源项；u_i、u_j、x_i、x_j 为流体在 t 时刻点（i, j）处的速度分量。

τ_{ij} 的公式如下：

$$\tau_{ij} = \left[\mu\left(\frac{\partial u_i}{\partial x_j} + \frac{\partial u_j}{\partial x_i} \right) \right] - \frac{2}{3} \mu \frac{\partial u_l}{\partial x_l} \delta_{ij} \tag{6-7}$$

式中，μ 为膨胀黏性系数；u_l、x_l 为流体长度尺度分量；δ_{ij} 为（i, j）处的正压力。

6.2.2　边界条件的设定

所谓边界条件，即在计算边界上流场变量时所要满足的数学物理条件。边界条件在 Fluent 软件中需要单独进行设定。本节主要考查的是包含物料在内的整个干燥仓中的速度场的分布情况，模拟的对象包括干燥仓内气流、定义为入口边界和出口边界的气流入口条件和气流出口条件，以及干燥仓的壁面边界。这些都是影响干燥仓系统内部变化的参数。在模拟时，将物料摆放的区域单独作为一个流体计算域，采用多孔介质模型进行计算。

1. 气流入口和出口

在 Fluent 软件中，流体的入口边界和出口边界包括压力入口和压力出口、速度入口、质量流入口、入口通风、出口通风、吸气风扇和排气风扇等。在选定研究问题所对应的边界条件后需要设置这些边界的相关物理参数，这样才能计算出模拟计算域中流体的特性。在对干燥仓内流场进行模拟时，结合实际情况采用速度入口和压力出口作为气流的入口边界和出口边界。对于速度入口边界需要给定进口气流的速度大小、流动方向、湍流参数；出口边界需要给定出口表压，采用出口（outlet）而不是出流条件的原因是，出口条件在计算时收敛的速度更快，尤其是在处理的问题中发生回流现象时。

在流场的入口边界和出口边界上都需要确定流体的湍流情况。对于边界上是均匀的湍流参数，可以直接在 Fluent 控制面板中进行设置；如果不是均匀分布的，可以使用用户自定义函数（UDF）来定义。本节中干燥仓入口的气流经均风板均布，因此入口边界的湍流是均匀的，湍流参数可根据边界上已给定的 I、d_H 来设置为一个常数。Fluent 中有 4 种方法来定义湍流，分别为：湍流动能及耗散率（k-ε）、湍流强度及湍流长度尺度（I-l）、湍流强度及湍流黏度比（I-$\dfrac{u_i}{u}$）和湍流强度及水力直径（I-d_H）。本节选用湍流强度及水力直径（I-d_H）来表示湍流情况。

本问题中，气流通过涡流管进入干燥仓前是经过均风板均布的，因此仓内的湍流是充分发展的，湍流强度可以用以下公式计算：

$$I = \frac{u'}{u_{\text{avg}}} \cong 0.16 \left(Re_{d_H} \right)^{-\frac{1}{8}} \tag{6-8}$$

式中，下标 d_H 为水力直径；Re_{d_H} 为雷诺数，是以水力直径为特征长度计算出来的；u' 为速度脉动量；u_{avg} 为平均速度。本节中干燥仓是长方体，并且流体完全充满时，其水力直径可通过公式（6-3）求出。

2. 壁面边界

在 Fluent 壁面边界的参数设置中，涉及有热交换计算的热力学边界条件、移动壁面计算中的壁面运动条件、滑移壁面中的剪切力条件、湍流计算中的壁面粗糙度和组元计算中的组元边界条件等，研究者可根据模拟问题的实际情况来设置相关参数。本节模拟的干燥仓位于室内，是一个相对稳定的环境，不受辐射热交换的影响，同时由于仓内冷气流温度较低，达零下几十摄氏度，室内空气温度的变化对仓内气流场的影响较小，因此也不用考虑对流换热作用，在设置时将壁面温度设置为固定温度，与室温一致。壁面是静止的，同时还要设置壁面为固定，无滑移边界。

3. 物料层

在干燥仓内，物料盘上的物料与物料之间存在空隙，气流通过物料并在其中流动，因此在模拟中可以将物料区域看作一个独立的计算域——非固体的多孔介质进行研究。

物料区域在干燥仓中不仅缩小了气流的运动范围，还对气流的流动产生了很大的阻碍作用，将物料区域用多孔介质模型进行处理，气流在其中的流动可以视为在多孔介质中流动。多孔介质上的流动阻力是通过经验公式来表达的，即在动量方程中添加了一个表示动量消耗的源项。这个源项包括黏性损失项和惯性损失项，分别为下式的第一项和第二项。

$$S_i = \sum_{j=1}^{3} D_{ij}\mu v_j + \sum_{j=1}^{3} C_{ij}\frac{1}{2}\rho|v_j|v_j \tag{6-9}$$

式中，S_i 为第 i 个 (x, y, z) 动量方程中的源项；$|v|$ 为速度大小；D、C 为给定的矩阵；μ 为膨胀黏性系数；ρ 为流体密度。

对于简单又均匀的多孔介质，也可以采用以下数学模型：

$$S_i = \frac{\mu}{\alpha}v_i + C_2\frac{1}{2}\rho|v_j|v_j \tag{6-10}$$

式中，α 为多孔介质的渗透性；C_2 为惯性阻力因子；μ 为膨胀黏性系数；ρ 为流体密度；v_i、v_j 为 i、j 处速度分量。

α 计算公式如下：

$$\alpha = \frac{D_p^2}{150} \times \frac{\varphi^3}{(1-\varphi)^2} \tag{6-11}$$

C_2 计算公式如下：

$$C_2 = \frac{3.5}{D_p} \times \frac{1-\varphi}{\varphi^3} \tag{6-12}$$

公式（6-11）、（6-12）中，D_p 为物料的平均直径；φ 为孔隙率。

在 Fluent 软件中进行模拟计算时，需要对物料的相关参数进行设置，因不考虑能量传递过程的影响，参数设置时涉及物料的孔隙率、密度、渗透性和惯性阻力系数。其中渗透性和惯性阻力系数的计算又涉及物料颗粒平均直径 D_p，因此还需对其进行试验测量。

1）物料孔隙率 φ 的测量

孔隙率一般指多孔介质中孔隙的体积与多孔介质的总体积之比，通常用百分数或小数来表示。它可以实现物料真实密度与容积密度之间的转换，也是对干燥仓内气流场进行数值模拟时设置的一个重要参数。待干燥物料的孔隙率是指物料堆积在干燥盘时，干燥盘层中的物料堆积的疏密程度，用公式定义孔隙率 φ 如下：

$$\varphi = \frac{V_t - V_w}{V_t}$$

式中，V_t 为干燥盘层体积；V_w 为物料所占体积。

相关孔隙率试验研究可以证明，物料孔隙的大小受物料的外形和粒度分布的影响。当物料形状为均匀球形并且排列松散时，其孔隙率为 0.48；若排列比较紧凑，则孔隙率为 0.26。若物料形状为非球形，物料的直径越小，外形与球形的差别越大，则形成干燥盘层时的孔隙率就会有很大的概率超过 0.26 或 0.48。堆放凌乱的非球形物料盘层的孔隙率通常比球形物料的要大，而物料外形为非均匀的盘层孔隙率要小于均匀物料。这是由于外形较小的物料可以嵌入外形较大物料之间的孔隙中。物料的填充方式对盘层孔隙率的影响也很大，通常情况下，堆放凌乱的盘层孔隙率为 0.47～0.7。

测量的材料选用市售的胡萝卜，将胡萝卜洗净去皮后切丁，切丁的尺寸为 15 mm×8 mm×5 mm 左右。因物料的体积随温度和含水率的变化较小，不考虑含水率对物料体积的影响，所测的胡萝卜都是初始含水率下的体积，测得初始含水率为 88.35%。

目前，孔隙率测定的方法包括仪器测量法和计算法。计算法主要有质量体积法、密度法、气体膨胀法、吸渗法、压汞法等。本试验采用的是质量体积法。步骤如下。

（1）将一定数量的胡萝卜丁装满量筒，并抖动使物料自然堆积。对量筒内的胡萝卜丁进行计数。

（2）为了避免切丁时产生的误差，从量筒内随机抽取 20 个胡萝卜丁，分别测量其长 l、宽 w、高 h。按照下式可算出单个胡萝卜丁体积的平均值 $\bar{V}$：

$$\bar{V} = \frac{\sum l_i w_i h_i}{20}(i = 20)$$

（3）下列公式可算出孔隙率 φ：

$$\varphi = \frac{V_0 - n\bar{V}}{V_0}$$

式中，V_0 为量筒的体积；n 为胡萝卜丁的个数。

试验测量 3 次，取其平均值为 $\bar{\varphi}=0.685$，试验测得的孔隙率可能与真实的孔隙率相比偏小，因为物料与物料之间、物料本身都存在较多的孔隙，但是这些孔隙在实际中不容易测出，而试验中所测得的孔隙率是把量筒内的物料看成一个整体，所以值会偏小。具体结果见表 6-2。

表 6-2　物料孔隙率的测量值

量筒体积（mm^3）	物料个数 n	平均体积 $\bar{V}$（mm^3）	孔隙率 φ	平均孔隙率 $\bar{\varphi}$
	93	3375	0.685	
1×10^6	94	3463	0.674	0.685
	89	3397	0.697	

2）物料当量直径的测量

在 Fluent 模拟计算中，多孔介质需要设置渗透性 α 和惯性阻力 C_2 的参数，其中孔隙率通过试验得出，渗透性 α 和惯性阻力 C_2 的参数可通过公式（6-11）、公式（6-12）求得，公式中的物料平均颗粒直径 D_p 也需通过实验得出。

颗粒的体积、外形和表面积称为颗粒特性，它显著地影响颗粒堆积层中流体的流动状况。一般在工业中遇到的多数都是非球形固体颗粒。由于非球形颗粒的外形是千变万化的，其颗粒的外形和表面积无法用简单的参数表示出来，一般试着用某种当量的球形颗粒来表示，以使二者等效，这一球形颗粒的直径就称作当量直径。如研究颗粒在重力场中受到的场力，当量直径就采用质量等效或体积等效来表达；而流体通过颗粒层所受的流动阻力对于颗粒特性来说主要集中在颗粒的比表面，这时就用到比表面积当量直径。用公式表示为

$$\frac{6}{d_{ea}}=a$$

$$d_{ea}=\frac{6}{a}=\frac{6}{s/v}$$

式中，$6/d_{ea}$ 为当量球形的比表面积；a 为真实颗粒的比表面积；s 为颗粒表面积；v 为颗粒的体积。

胡萝卜丁为长方体，长、宽、高分别用字母 l、w、h 表示，则比表面积的当量直径：

$$d_{ea}=\frac{6}{s/v}=\frac{6}{2(lw+wh+lh)/lwh}=\frac{3lwh}{lw+wh+lh}$$

物料平均颗粒直径测量方法为：在试验的物料中随机抽样，分别测量它们的 l、w、h，按照上面的公式算出 d_{ea}，则物料平均颗粒直径为 D_p 为

$$D_p = \frac{1}{n} \sum_{i=1}^{n} d_{eai}$$

式中，n 为物料的个数；d_{eai} 为第 i 个物料的比表面积当量直径。

按照上述方法随机抽取 20 个胡萝卜丁，分别计算出 d_{ea}，并求得平均颗粒直径为 7.66 mm。

3）物料密度的测量

物料的密度作为多孔介质的物性参数，是对气流场进行数值模拟时需要输入的重要参数。物料的密度包括真实密度和容积密度，真实密度是物料质量与实际体积的比值，而容积密度即容重为物料的质量与其视在体积之间的比值，视在体积等于实际体积与空隙体积之和。本节的物料是不溶于水的，因此采用静力称衡法，以填充食盐的方法测量物料的实际体积，步骤如下。

以市售的胡萝卜为研究对象，将其进行预处理后，测得初始含水率为 88.35%，分别对两个量筒进行编号 1 和 2。首先称量物料的质量，并将称量后的物料倒入量筒 1 内，之后将食盐倒入量筒 2 内，记下此时食盐的体积 V_1，缓慢地将食盐倒入量筒 1 内，倒入一部分后振荡几下，直至食盐全部充满物料与物料之间的孔隙，记录下此时量筒 2 内食盐的体积 V_2，同时，记录充满食盐与物料的量筒 1 的体积 V，即视在体积，物料的真实密度 ρ_s 可按下式求出：

$$\rho_s = \frac{m}{V - (V_1 - V_2)}$$

物料的容积密度 ρ_r 计算公式：

$$\rho_r = \frac{m}{V}$$

式中，m 为装入量筒内物料的质量；V_1 为未倒入量筒 1 前食盐的体积；V_2 为倒入量筒 2 后食盐的体积；V 为物料和食盐的体积。

不同含水率下的物料容积密度与真实密度是不同的，由相关文献可知，真实密度和容积密度都是随着含水率的增加而增大的，由于本研究内容是对稳态下的干燥仓内的气流场进行模拟，因此测得的是初始含水率下物料的真实密度和容积密度，试验重复 3 次，取平均值，具体见表 6-3。

表 6-3　物料在初始含水率下的真实密度与容积密度

初始含水率（%）	真实密度（kg/m³）	真实密度平均值（kg/m³）	容积密度（kg/m³）	容积密度平均值（kg/m³）
	1012.3		850.5	
88.35	1008.7	1013.2	863.8	857.5
	1018.6		858.3	

6.2.3　求解方法的选择

在计算机流体动力学中，数值解法根据对控制方程离散形式的不同可分为 3 种，分别是有限差分法（finite difference method，FDM）、有限元法（finite element method，FEM）及有限体积法（finite volume method，FVM）。

FDM 是 CFD 中最早也是最经典的数值模拟方法，它将微分问题转变成代数问题，是近似的数值求解方法。在实际中经常用于处理双曲线型问题和抛物线型问题。FEM 保留了 FDM 中离散化处理的核心，又通过对控制方程的积分来得到离散方程，较适合处理不规则的区域。但是计算的工作量比 FVM 大，因此速度比较慢。FVM 通过对计算区域划分出的控制体积进行积分来获得离散方程，得到的离散方程不仅具有守恒性，而且系数的物理意义明确，是目前处理流动和传热问题中应用最广的一种方法。本节模拟用到的 Fluent 软件就是基于 FVM。

Fluent 软件提供给用户两种求解方法，分别是分离方法和耦合方法，其中耦合方法包含显式格式和隐式格式。上述两种求解方法所求解的对象都是一致的（连续方程、动量方程和能量方程），同时在计算结果的准确程度上没有区别，只是在针对不同的求解问题上，某一种计算方法的计算速度可能比另外一种方法更快。

分离方法和耦合方法的区别在于它们所使用的线化方法和求解离散方程的方法是不同的，分离方法是分别求解连续方程、动量方程、能量方程及组元方程，最后得到全部方程的解；而耦合方法是同时求解这几个方程最后获得方程的解。这两者的共同之处是，它们都采用单独求解的方式来求解附带的标量方程，如求解的问题上需要计算多相流模型或者预混燃烧模型时，就要先求解控制方程，再求解这些附带的标量方程。

隐式格式和显式格式是对方程进行线性化和求解的两种不同形式。显式和隐式的区别是二者的未知流场与已知量关系是通过哪种方式表达的。隐式是利用对方程组进行求解的形式来获得未知变量的值。显式是将已知量的显式函数形式用未知的流场变量表达出来，所以能够用一个方程独立求解每一个变量。

在求解问题时，一般求解器会默认选择分离方法为计算方法，在 Fluent 中，这两种计算方式都可以用于计算可压缩流体和不可压缩流体，但是如果面对的是高速可压缩流体或超细网格计算等类型的问题，还是建议选择耦合隐式方式进行求解，这种方式计算出的结果更好并且能加快收敛的速度，缺点就是占用的内存比较大。如果用户的计算机内存不足，也可以选择使用分离方法或耦合显式方式进行计算，只是耦合显式方式所需的时间较长。

由于本节的求解问题比较简单，而且在低速的气流中（小于 50 m/s），同时压强没有太大变化，可以忽略可压缩性，按照不可压缩流体来处理，因此本试验假设干燥仓内的气流为不可压缩流体，在选择计算方式的时候可缺省采用分离计算方式。

6.2.4 小结

（1）对常压冷冻干燥仓内的气流场进行数值模拟所需的一些数学物理模型及边界条件的设置进行了理论研究，是进行数值模拟研究的基础。

（2）对干燥机气流场模拟试验所用的作为多孔介质的物料的一些物理性质进行了测量，这是进行模拟研究的基础。考查了初始含水率下物料的孔隙率、密度和颗粒平均当量直径。

6.3 干燥仓内影响气流场形成因素的试验研究

6.3.1 引言

在目前的常压冷冻干燥技术的研究中，除湿方式大多采用的是吸附剂除湿，不仅除湿的效果差，而且在干燥过程中冰晶很容易融化，导致产品的质量下降；同时常压冷冻干燥使用蒸汽压缩的制冷方式，且为了维持干燥仓内较低的水蒸气分压，蒸发器的温度设置得非常低，致使干燥设备的成本很高。相比之下，将涡流管作为除湿冷源，原料中水分的升华依赖涡流管所产生冷气流场与物料升华界面之间的水蒸气分压差，不仅节能效果明显，而且其排出的热气流还可以回收作为装置中恒温水槽的加热源，成为可充分利用的资源。因此，探索涡流管高效制冷效应在 AFD 过程中运行机制的关键是涡流管结构和性能的优化，对其性能进行试验研究不仅能获取影响涡流管冷气流场形成的因素，而且对于设备设计和干燥时参数的设置具有非常重要的理论意义和指导作用。

6.3.2　常压冷冻干燥装置中涡流管制冷性能试验

1. 试验装置

图 6-3 所示涡流管制冷试验装置由涡流管、空气压缩机、调压阀及流量计等组成。常压空气先经空气压缩机和干燥过滤器及恒温水槽，以获得清洁、干燥且温度恒定的高压空气，再经调压阀进入涡流管内实现能量分离，从而得到冷热不同的两股气流。流量调节阀用于维持系统产生稳定的气流，热端调节阀用来控制冷气流的大小。试验中分别在涡流管气流入口、冷端气流出口和热端气流出口设置测点，采用高精度压力表测量测点压力，采用标定过的镍铬-镍硅热电偶来测量测点温度。本试验装置中所用的涡流管如图 6-4 所示。

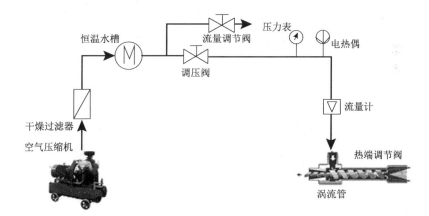

图 6-3　涡流管性能分析试验原理图

图 6-4　试验中所用的涡流管

2. 数据采集

试验时，将涡流管的热端调节阀打开，之后开启空气压缩机的电源启动机器。

首先将涡流管入口的压力调节阀调整到试验所需的压力值，并将热端调节阀旋转到所需的位置，观察测温仪和压力表的数值，如果数值达到所设值并且不再波动，说明涡流管的工况稳定，这时就可以记录涡流管的相关数据。在试验中，温度热端调节阀开度越大，冷气流的流量就越小，当热端调节阀的开度最大时，冷气流的流量最小。

1）考查入口温度对涡流管性能的影响

先将恒温水槽的温度设定为试验所需值，并调节涡流管的入口压力调节阀，改变入口的压力值，等工况稳定后测量涡流管的入口温度、冷端出口温度和流量及热端的出口温度，并记录这组数据。之后调整恒温水槽的温度使涡流管的入口温度发生改变，同时重新调节涡流管的入口压力调节阀，改变入口处的压力值，并记录工况稳定后的涡流管不同进出口的温度数据，如此重复，便可以获得几组不同入口温度下的试验数据，将数据进行分析便可得到入口温度对涡流管性能的影响情况。在整个操作过程中，热端调节阀开度保持在一个固定位置不变。

2）考查入口压力对涡流管性能的影响

将热端调节阀开度先设置在某一位置，调节入口压力调节阀来改变入口压力，工况稳定后测量这组数据并记录。之后将热端调节阀开度设置在一个固定位置，改变入口压力，并记录工况稳定后的试验数据，如此重复，便获得了几组不同入口压力下的试验数据，将数据进行分析便可得到入口压力对涡流管性能的影响情况。在整个操作过程中，恒温水浴槽的温度保持在一个固定值不变。

3）考查热端调节阀开度对涡流管性能的影响

试验装置中的涡流管热端调节阀从最大开度到最小开度可以拧一圈半，在试验时先将恒温水槽设置为某一温度，旋转热端调节阀的开度来改变不同冷流比例，记录工况稳定后的这组数据，如此重复，便获得了几组不同热端调节阀开度下的试验数据，将数据进行分析便可得到不同热端调节阀开度对涡流管性能的影响情况。在整个操作过程中，涡流管入口压力值保持在一个固定值不变。

3. 数据分析与处理

通过试验，测得了不同入口温度、不同入口压力和不同热端调节阀开度下的涡流管入口气体温度和压力、冷端出口气体的温度及热端出口气体的温度。将获得的数据进行计算便可得到表征涡流管性能的指标参数，通过整合这些参数，就得出不同的特征曲线。分析这些特征曲线就能得到不同因素对涡流管性能的影响。

指标参数如下定义。

涡流管的制冷效应 ΔT_c，表示涡流管的制冷性能，指涡流管入口气流与冷气流的温度之差：

$$\Delta T_c = T_i - T_c \tag{6-13}$$

涡流管的制热效应 ΔT_h ，表示涡流管的制热性能，指涡流管的热气流与入口气流温度之差：

$$\Delta T_h = T_h - T_i \tag{6-14}$$

涡流管冷热分离效应 ΔT ，指涡流管热气流与冷气流温度之差：

$$\Delta T = T_h - T_c \tag{6-15}$$

涡流管的制冷量 Q_o ，表示涡流管的冷却能力，指冷气体从冷端出口温度升至涡流管入口温度所需吸收的热量：

$$Q_o = C_P G_c \rho_c \left(T_i - T_c \right) \tag{6-16}$$

公式（6-13）～（6-16）中，T_i 为涡流管的入口气体温度；T_c 为涡流管的冷端出口气体温度；T_h 为涡流管的热端出口气体温度；C_P 为冷气流的定压比热容；G_c 为冷端气流的流量；ρ_c 为冷气流的密度。

上述各个参数均为描述涡流管性能的主要指标。

6.3.3　结果与分析

1. 不同入口温度对涡流管性能的影响

试验中，在热端调节阀开度为最大时，分别研究进气压力为 0.2 MPa、0.3 MPa、0.4 MPa 三种情况下，入口温度为 17℃、20℃、23℃、26℃、29℃时，涡流管的入口温度对涡流管 ΔT_c、ΔT_h、ΔT 及 Q_o 的影响情况。

1）不同入口温度对涡流管 ΔT_c 的影响

图 6-5 所示为涡流管 ΔT_c 随入口温度变化的曲线。由图 6-5 可以看出，在入口压力一定的条件下，涡流管的 ΔT_c 随着入口温度的升高而逐渐下降，但是下降的幅度不大，在 3 种不同的入口压力情况下，随着涡流管入口温度的增加，其 ΔT_c 都有不同程度的下降，且入口的压力越高，涡流管的 ΔT_c 下降的程度就会越大。当涡流管的入口温度从 17℃升高到 29℃，入口压力设置为 0.2MPa 时，涡流管 ΔT_c 由 13.0℃下降到 12.0℃，下降了 1℃；入口压力设置为 0.4 MPa 时，涡流管的 ΔT_c 由 17.1℃下降到 15.5℃，下降了 1.6℃。这就说明在涡流管的入口温度涨幅相同的条件下，涡流管的 ΔT_c 在入口压力较大时所受的影响最大。

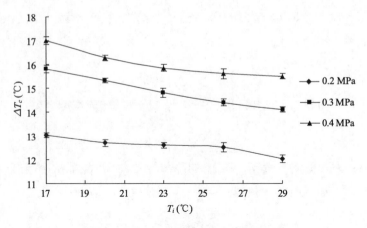

图 6-5　不同入口温度对制冷效应的影响

2）入口温度对涡流管 ΔT_h 的影响

　　图 6-6 所示为涡流管的 ΔT_h 随入口温度变化的曲线。由图 6-6 可以看出，入口温度对涡流管的 ΔT_h 影响显著，在入口压力保持一定的条件下，涡流管的 ΔT_h 随着入口温度的升高而逐渐增加，当涡流管的入口压力增大时，ΔT_h 随入口温度的升高而增加的程度有所不同。从图 6-6 的曲线看出，当涡流管的入口温度从 17℃ 升高到 29℃ 的过程中，入口压力设置为 0.3MPa 时，ΔT_h 由 21.1℃升高到 24.1℃，升高了 3℃；入口压力设置为 0.4MPa 时，涡流管 ΔT_h 由 25.8℃升高到 28.2℃，升高了 2.4℃。

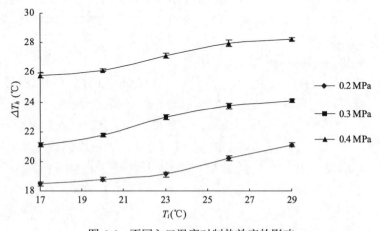

图 6-6　不同入口温度对制热效应的影响

3）不同入口温度对涡流管 ΔT 的影响

　　图 6-7 所示为涡流管入口气体的温度对涡流管 ΔT 的影响曲线。从图 6-7 能够

看出，在入口压力保持不变的条件下，入口温度对涡流管 ΔT 的影响不明显，当涡流管的入口温度从 17℃升高到 29℃的过程中，入口压力设置为 0.3 MPa 时，ΔT 仅升高了 0.9℃。产生这种现象的原因从图 6-5 和图 6-6 中可以看出，当涡流管的入口温度变化时，涡流管的 ΔT_h 和 ΔT_c 的变化分别是向相反的趋势，并且变化的幅度基本上差别不大，所以涡流管的入口温度对 ΔT 的影响不明显。

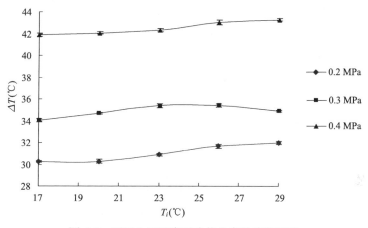

图 6-7　不同入口温度对冷热分离效应的影响

4）不同入口温度对涡流管 Q_o 的影响

图 6-8 所示为涡流管入口气体的温度对涡流管 Q_o 的影响曲线。从图 6-8 的曲线可以看出，在入口压力保持不变的条件下，涡流管的 Q_o 随入口温度的升高略微下降，降低的幅度不明显，这是因为当入口气体的温度升高时，涡流管的 ΔT_c 下降，在 3 种不同的入口压力情况下，入口温度的升高对涡流管 Q_o 下降的影响程度

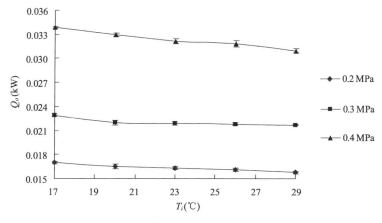

图 6-8　不同入口温度对制冷量的影响

不相同。当入口温度从 17℃ 升高至 29℃ 的过程中，入口气体压力值设置为 0.3 MPa 时，涡流管的 Q_o 降低了 0.001 kW；入口气体压力设置为 0.4 MPa 时，涡流管的 Q_o 降低了 0.003kW。这就表明涡流管的入口温度在入口压力较大时对涡流管 Q_o 的影响较大。

2. 不同压力对涡流管性能的影响

试验中，在入口温度为 17℃，分别研究热阀开度 K 为 1、2、3 三种情况下，考查进气压力 P_0 为 0.2 MPa、0.3 MPa、0.4 MPa、0.5 MPa 时，涡流管的入口压力对涡流管 ΔT_c、ΔT_h、ΔT 及 Q_o 的影响情况。

1）不同入口压力对涡流管 ΔT_c 的影响

图 6-9 所示为涡流管的 ΔT_c 随入口压力的变化曲线。由图 6-9 可以看出，入口压力对涡流管 ΔT_c 的影响显著，在热端调节阀开度一定的条件下，随着入口压力的升高，涡流管的 ΔT_c 也逐渐增加，而且入口压力越高，ΔT_c 增加的幅度就越大，当 K 为 1 时，随着入口压力增大至 0.5 MPa，ΔT_c 由从 8.5℃ 上升至 19.1℃，这是因为当入口的压力增大时，气体在涡流管的喷嘴中膨胀流动的速度加大，使涡流室内的气体涡旋加快，获得了较好的能量分离效果。3 种不同的热端调节阀开度情况下，随着入口压力的增加，其 ΔT_c 都有不同程度的上升，但是随着热端调节阀开度的增加，涡流管的 ΔT_c 上升的程度就会降低。这是因为热端调节阀主要用来改变冷气流的比例和温度，开度越大，冷端气流的流量就越小，温度就会增加。

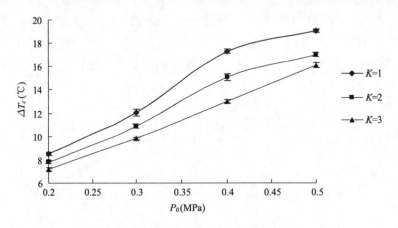

图 6-9　不同入口压力对制冷效应的影响

2）不同入口压力对涡流管 ΔT_h 的影响。

图 6-10 所示为入口压力对涡流管 ΔT_h 的影响曲线。从图 6-10 的曲线可以看出，入口压力对涡流管 ΔT_h 的影响显著。在入口温度保持不变的条件下，随着入口压

力的升高，涡流管的 ΔT_h 也逐渐增加，当涡流管热端调节阀开度 K 为 3 时，随着入口压力由 0.2 MPa 升高至 0.5 MPa，涡流管 ΔT_h 由 23.4℃增加至 38.5℃。同时还可以看出，对于不同的热端调节阀开度（$K=1\sim3$），当入口压力由 0.2 MPa 升高至 0.4 MPa 时，涡流管 ΔT_h 增加的幅度比较大；但当入口压力在 0.4~0.5 MPa 时，ΔT_h 的增加幅度有明显的减缓趋势，因此，对于结构相同的涡流管来说，并不是压力越大 ΔT_h 就越好，而是存在一个能获得最好制热效应的入口压力。

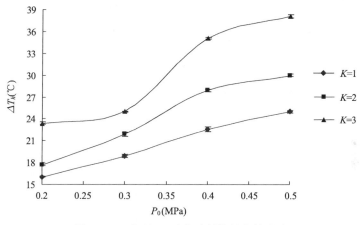

图 6-10　不同入口压力对制热效应的影响

3）入口压力对涡流管 ΔT 的影响

图 6-11 所示为涡流管的 ΔT 随入口压力的变化曲线。从图 6-11 的曲线可以观察到，在热端调节阀开度保持不变的条件下，入口压力对涡流管 ΔT 的影响显著，当涡流管的入口压力从 0.2 MPa 升高到 0.5 MPa 的过程中，热端调节阀开度 K 为 2 时，ΔT 的温度从 21.6℃升高至 49℃。产生这种现象的原因从图 6-9 和图 6-10

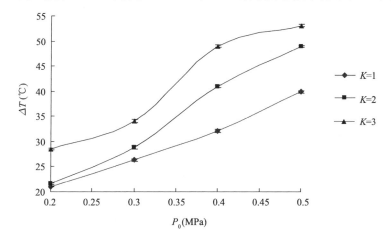

图 6-11　不同入口压力对冷热分离效应的影响

可以看出，当涡流管的入口压力增大时，涡流管的 ΔT_h 和 ΔT_c 的变化是向着相同的方向，即都随入口压力的升高而升高，因此涡流管的 ΔT 也随之升高，所以涡流管的入口压力对 ΔT 的影响明显。

4）不同入口压力对涡流管 Q_o 的影响

图 6-12 所示为入口压力对涡流管 Q_o 的影响曲线。从图 6-12 的曲线可以看出，涡流管的 Q_o 随着入口压力的升高而增加，入口压力越高，Q_o 增加的幅度就越大，这是因为当入口气体的压力升高时，涡流管的 ΔT_c 也随之升高，同时从公式（6-16）中可以看出，Q_o 与 ΔT_c 关系密切，因此涡流管的 Q_o 也随之升高。

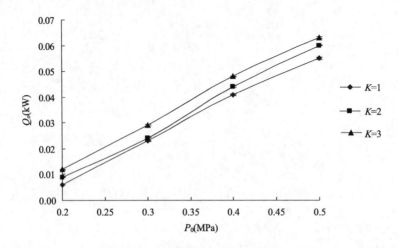

图 6-12　不同入口压力对制冷量的影响

3. 热端调节阀开度对涡流管性能的影响

涡流管的热端调节阀可以控制冷气流与热气流的流量大小，以此来调节冷端气体的流量与温度，是涡流管中一个十分重要的零件。试验中，热端调节阀的开度从最大到最小可以拧一圈半，一般用大写字母 K 来表示热端调节阀从最大至最小的开度。

本试验中，在入口压力为 0.4 MPa 时，分别研究入口温度为 12℃、16℃、20℃三种情况下，考查 K 为 1、2、3、4 时，涡流管的入口压力对涡流管 ΔT_c、ΔT_h、ΔT 及 Q_o 的影响情况。

1）热端调节阀开度对涡流管 ΔT_c 的影响

图 6-13 所示为热端调节阀开度对 ΔT_c 的影响曲线。从图 6-13 可以看出，热端调节阀开度对涡流管 ΔT_c 的影响是比较明显的，在相同的入口温度条件下，ΔT_c 随着热端调节阀开度的增加大体趋势是下降的，并且在 K 为 2 时，ΔT_c 最高。3 种不同入口温度下 ΔT_c 的变化是趋于一致的。

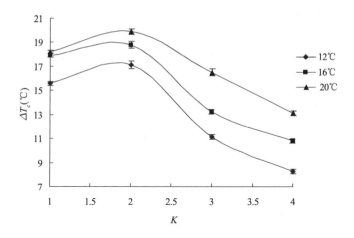

图 6-13　不同热端调节阀开度对制冷效应的影响

2）热端调节阀开度对涡流管 ΔT_h 的影响

图 6-14 所示为热端调节阀开度对涡流管 ΔT_h 的影响曲线。从图 6-14 可以看出，热端调节阀开度对 ΔT_h 的影响是比较明显的，在相同的入口温度条件下，在 K 为 1～3 时涡流管的 ΔT_h 随着热端调节阀开度的增加而升高，而在 K 为 3～4 时，涡流管的 ΔT_h 又有所下降，在 K 为 3 时，ΔT_h 最高。3 种不同入口温度下 ΔT_h 的变化是趋于一致的。

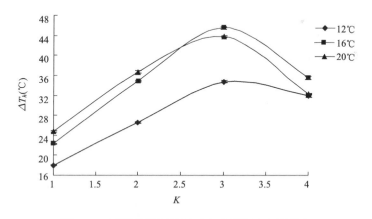

图 6-14　不同热端调节阀开度对制热效应的影响

3）热端调节阀开度对涡流管 ΔT 的影响

图 6-15 所示为涡流管 ΔT 随热端调节阀开度的变化曲线。从图 6-15 的曲线可以看出，当入口温度保持不变的条件下，在热端调节阀开度 K 为 2 和 3 时，涡流

管的 ΔT 都比较高,这是因为,当 K 为 2 时,涡流管冷端气流的温度较低,而热端气流的温度相对于 K 为 3 时也较低;同时,K 为 3 时涡流管冷端气体的温度较高,而热端气体的温度相对于 K 为 2 时也较高,从而使得涡流管在 K 为 2 和 3 时 ΔT 接近。3 种不同入口温度条件下 ΔT 的变化曲线相一致。

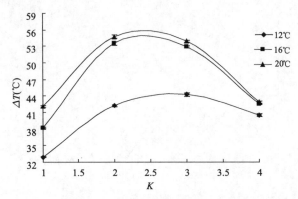

图 6-15　不同热端调节阀开度对能量分离效应的影响

4)热端调节阀开度对涡流管 Q_o 的影响

图 6-16 为热端调节阀开度对涡流管 Q_o 影响的变化曲线,从图 6-16 可以看出,Q_o 随着热端调节阀开度的增加总体逐渐减小,之所以在 K 为 2 时有最大值,是因为在此时的 ΔT_c 是最大的,Q_o 不仅和 ΔT_c 相关,而且和冷端的流量与气流的密度密切相关,这些可以从公式(6-16)中看出,随着热端调节阀开度的增加,冷端的气流量是逐渐减小的,所以同一个入口温度下 Q_o 值是逐渐降低的,不同温度下的 Q_o 随热端调节阀开度的变化相差不大,虽然随着温度的升高,气流的密度是逐渐降低的,但是降低的幅度很小,如 10℃时的气流密度为 1.247 kg/m³,20℃时的气流密度为 1.205 kg/m³,因此不同温度下的 Q_o 相差较小。

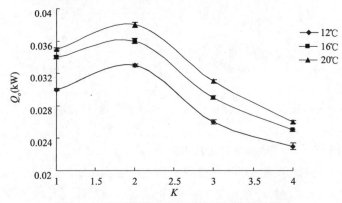

图 6-16　不同热端调节阀开度对制冷量的影响

6.3.4　小结

涡流管是基于涡流管制冷效应的常压冷冻干燥试验台的主要研究对象。通过试验对涡流管的性能有一定的了解，并且得到了涡流管冷气流场形成的主要影响因素，对干燥过程中参数的设置有很大的指导作用，主要结论如下。

（1）从入口温度对涡流管的性能影响上看，涡流管的 ΔT_c 随入口温度的降低逐渐增高，但是增加的幅度并不显著，说明涡流管的制冷性能增强，并且涡流管制冷性能变好的趋势会有所减缓；同时涡流管的制热性能随着进气温度的降低越来越差；从试验中还可以得出涡流管的 ΔT 与涡流管入口温度的关系不明显。这是因为当涡流管的入口温度变化时，涡流管的 ΔT_h 和 ΔT_c 的变化分别是向相反的趋势，并且变化的幅度也差别不大；同时涡流管的 Q_o 随着入口温度的升高有略微下降的趋势，这是由 ΔT_c 下降所引起的。

（2）从入口压力对涡流管的性能影响上看，涡流管入口的压力越大，涡流管的制冷性能和制热性能都越好，同时由于 ΔT_c 的增加，涡流管的 Q_o 也随着压力的升高而增加；并且涡流管的 ΔT 也随着涡流管入口压力的升高而增加，这是因为当涡流管的入口压力增大时，涡流管的 ΔT_h 和 ΔT_c 的变化趋势相同，因此涡流管的 ΔT 也随之升高，所以涡流管的入口压力对 ΔT 的影响明显。

（3）从热端调节阀开度对涡流管的性能影响上看，涡流管的热端调节阀开度对涡流管的制冷性能、制热性能及 ΔT 的影响都比较明显，在热端调节阀开度 K 为 2 时，涡流管的 ΔT_c 和 Q_o 都最高；在热端调节阀开度 K 为 3 时，涡流管的制热性能最好；在热端调节阀开度 K 为 2 和 3 时，涡流管的 ΔT 都比较高。

（4）通过对以上 3 个因素的研究，在进行干燥试验时，可把入口温度保持为一个最佳固定值，将入口压力和热端调节阀开度作为变量来考查涡流管的冷气流对干燥速率和干燥产品效果的影响。

6.4　常压冷冻干燥过程中气流场分布的CFD模拟

目前，在以对流传热为主要干燥方式的干燥装置中，常常会出现因为干燥仓结构的不合理而使仓内气流场分布不均匀的情况，如果在机器设备建好后再进行优化改装，不仅耗费人力、财力，而且会对试验进程造成影响。计算机流体动力学技术是目前应用较广的模拟方法，它不受空间和环境的影响，在干燥领域，它不仅能模拟研究干燥仓内部流场的分布特性，对干燥机进行优化，而且能够预测干燥仓内流场分布，极大地缩短了干燥机的设计和研发周期，降低了开发成本。基于涡流管制冷效应的 AFD 处理试验能否获得良好效果，取决于常压冷冻干燥仓内的气流场在干燥过程中，受物料阻力作用后的风速场分布是否均匀。一个好的干燥设备风速场有助于干燥机进行高效、快速、稳定的工作，并能得到均匀、高质量的产品。

本节建立了一个常压冷冻干燥箱的模型，采用计算机流体动力学数值模拟的方法对不同出风口位置、不同物料摆放层数及不同风速下干燥仓内风速场的分布的详细情况进行了仿真模拟，为下一步干燥装置的设计和干燥工艺的合理制定提供依据和理论指导，同时为计算机流体动力学技术与食品干燥机的设计应用相结合提供参考价值。

6.4.1   常压冷冻干燥试验台

常压冷冻干燥台示意图见图 6-2。该试验台干燥仓的主体结构包括干燥室、均风板、保温层、加热板、排气孔和紧急压力调节口，在正常情况下紧急压力调节口是关闭的。工作时，空气压缩机中排出的高压空气，经一系列处理（干燥器和恒温水槽在示意图中省略）后得到的干燥恒温气体进入涡流管中，涡流管的能量分离作用产生的冷气流在均风板的作用下形成均匀的气流进入干燥室，气流穿过干燥室中的物料并由排气孔排出。加热板采用辐射加热方式，使物料吸收辐射热，加速干燥。

6.4.2   干燥室的几何建模与网格划分

本节模拟的干燥仓长 600 mm，宽 500 mm，高 400 mm，排气孔为 30 mm×300 mm×80 mm 的长方体。试验模拟的模型计算域包括整个干燥仓及物料区域，由于涡流管的直径很小，仅有十几毫米，在进行网格划分的时候比较困难，而且本试验主要为考查干燥仓内速度场的分布状况，因此，为了简化模型，仅建立经均风板均布后的干燥仓内的模型，利用 CFD 的前处理软件 Gambit 对模拟的对象进行三维模型建立和网格划分。不同模拟情况的模型结构和网格划分详见图 6-17。

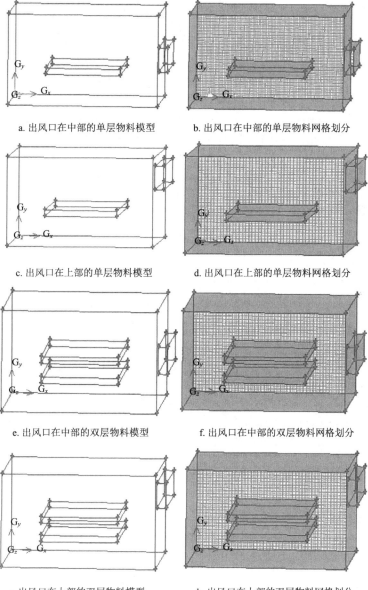

a. 出风口在中部的单层物料模型　　b. 出风口在中部的单层物料网格划分

c. 出风口在上部的单层物料模型　　d. 出风口在上部的单层物料网格划分

e. 出风口在中部的双层物料模型　　f. 出风口在中部的双层物料网格划分

g. 出风口在上部的双层物料模型　　h. 出风口在上部的双层物料网格划分

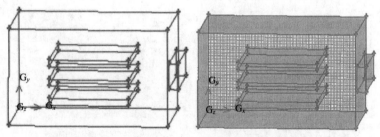

i. 出风口在中部的三层物料模型   j. 出风口在中部的三层物料网格划分

图 6-17 干燥仓模型及网格划分（彩图请扫封底二维码）

G_x 表示水平切割面，G_y、G_z 表示垂直切割面

6.4.3 模型的边界条件及模拟参数的确定

1. 边界条件的确定

模型计算域的边界条件主要包括干燥仓的入口边界条件、出口边界条件、壁面边界条件，以及穿过整个干燥仓的流体—空气的各个物理参数，同时物料的物性参数和多孔介质参数都需作相应设置。

1）气流入口边界条件

干燥过程中，假设干燥介质为不可压缩流体，因此采用速度入口边界条件，在计算的过程中需要设置气体的一些参数，包括速度、方向、温度、密度、黏度和湍流情况。

（1）在模拟物料层数对干燥仓内气流场分布情况的研究中，分别设定物料层数为 1、2、3 层，气流的平均速度为 0.5 m/s，气流温度为 T=253.15 K（−20℃），气流密度为 1.395 kg/m³，动力黏度 μ=1.62×10⁻⁵ Pa·s，方向垂直入风口，根据入风口的尺寸计算可得到入口的湍流值，本模拟试验的湍流情况采用标准 k-ε 模型中的湍流强度与水利直径（I-d_H）来表示，数值可通过公式（6-3）、公式（6-8）得出。具体数值见表 6-4。

表 6-4 模拟的边界条件的相关参数

条件	类型	参数设置
入口	边界	风温 T = 253.15 K，动力黏度 μ = 1.62×10⁻⁵ Pa·s，气流密度 ρ = 1.395 kg/m³，风速 0.5 m/s，I = 0.047 68，L = 0.375 m
出口		压力出口，表压为 0 Pa
壁面	边界	干燥仓钢板厚度 2 mm，钢板密度 ρ = 7800 kg/m³，干燥仓四壁的温度为常温
物料	多孔介质	胡萝卜密度 ρ = 1012 kg/m³，导热 λ = 0.447 W/(m·K)，比热容 C = 3300 J/(kg·K)，孔隙率 φ = 0.685
		渗透性：1/α = 124 937，惯性阻力：C_2 = 24.51

（2）在模拟风速大小对干燥仓内气流场分布情况的研究中，分别设定气流的入风口速度大小为 0.5 m/s、1 m/s、2 m/s、3 m/s。物料层为 2 层，气流温度同样为 T=253.15 K，气流密度为 1.395 kg/m³，动力黏度 μ=1.62×10⁻⁵ Pa·s，方向垂直于入风口，湍流情况根据不同的风速有所不同，具体参数见表 6-5。

表 6-5　不同风速的湍流相关参数

通风入口风速（m/s）	湍流强度	水力直径（m）
0.5	0.047 68	0.375
1	0.043 72	0.375
1.5	0.041 56	0.375
3	0.038 11	0.375

2）气流出口边界条件

干燥时，气流穿过物料层由出风口排出，干燥仓的出风口是自然通风，出风口与大气相通，因此采用压力出口作为气流出口的边界条件，这就要确定出风口的表压值和相应的湍流参数。出风口表压为 0 Pa，湍流参数与入口湍流参数相同。

3）壁面边界

干燥仓的壁面设置为不锈钢材质，厚度为 2 mm，钢板密度为 7800 kg/m³，因不考虑传热，不需要设置传导系数与比热容。壁面为固体无滑移边界。

4）多孔介质参数

干燥仓内的物料层对横穿干燥仓内的冷气流产生了影响，阻碍并减少了气流的运动空间，将物料层视为多孔介质，气流在其中的流动被当作在多孔介质中的流动。在 Fluent 计算中，多孔介质需要设置孔隙率、渗透性 α 和惯性阻力 C_2 的参数，其中孔隙率通过试验得出，渗透性 α 和惯性阻力 C_2 的参数可通过公式（6-11）、公式（6-12）求得，公式中的物料平均颗粒直径 D_p 和孔隙率 φ 也已通过试验得出。

将 φ=0.685、D_p=7.66 带入公式（6-11）、公式（6-12）中，就可算出其渗透性 $1/\alpha$=124 937，惯性阻力系数 C_2=24.51。

2. 模拟参数的确定

模拟参数的确定见表 6-4 和表 6-5。

6.4.4　CFD 模拟结果与分析

由于干燥箱的箱体尺寸比较小，因此在较短的时间内就会趋于稳定，在计算时将其按照稳态问题来处理，假设气流为不可压缩流体，选择分离式求解器，采用 SIMPLE 算法计算干燥仓内的速度场,计算时各项参数的收敛度设置为 10^{-4}。

1. 干燥仓的出风口在不同位置时的内风速场模拟

图 6-18 为不同出风口位置和不同物料盘层数的风速场模拟情况。模拟的参数参照表 6-4。

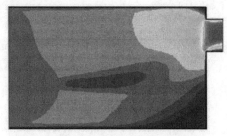

a. 出风口在上部的单层物料盘速度场

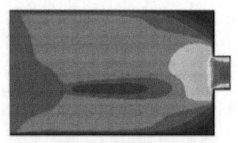

b. 出风口在中部的单层物料盘速度场

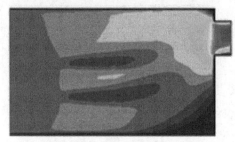

c. 出风口在上部的双层物料盘速度场

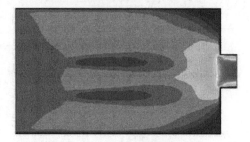

d. 出风口在中部的双层物料盘速度场

图 6-18　出风口在不同位置时的速度场分布情况(彩图请扫封底二维码)

图 6-18 分别为干燥仓的出风口在不同位置时的速度云图,速度云图都为与 Z 轴中心平面垂直的剖面图。图 6-18a 和图 6-18b 为物料层为单层时的速度场,图 6-18c 和图 6-18d 为物料层为 2 层时的速度场。从图 6-18 可以看出,当冷气流从左边入口进入干燥箱内时,在距离干燥箱入口处的一段距离,风速比较均匀且平稳;当气流行走一段距离与物料相遇后,由于物料对气流的干扰作用,气流的速度发生了变化,而且物料盘层中物料与物料之间的空隙小,以及物料本身的阻力,气流几乎全部从物料两侧流走,穿过物料盘层的很少,因此物料中心区的风速最小,而物料上侧与下侧风速逐渐增大。比较图 6-18a 和图 6-18b 可以看出,由于出风口的位置不同,风口位置对干燥仓内气流的分布产生了影响。当出风口位于仓壁右侧的上部时,气流进入干燥仓穿过物料从出风口排出时,受到仓内壁面的阻力作用,同时风口位置较高,仓内下部的气流要向上部涌动才能从风口排出,因此对物料层和出风口周围的风速分布产生了影响,这一现象在仓内为双层物料盘(图 6-18c 和图 6-18d)时更为明显,而出风口位于仓壁中部时,虽然风口周围

的风速分布也较不均匀，但对物料盘周围的风速场没有造成太大影响。在设计干燥仓出风口的位置时，最好使出风口位于仓壁的中部，这样就可以避免因风速分布不均匀而导致的物料盘不同位置处的干燥效果不同。

2. 不同物料盘层对干燥仓内风速场的影响模拟

由不同出风口位置的干燥仓内风速场的模拟得出，出风口在仓壁中部时干燥仓内风速场较均匀，因此在模拟不同物料盘层对干燥仓内风速场的影响时，选择出风口位于仓壁中部的情况。具体的模拟参数参照表 6-4。

图 6-19 为不同物料盘层的速度场模拟图。图 6-19a、b、c 分别为单层物料盘、双层物料盘和三层物料盘时的速度场云图。从图 6-19 可以看出，冷气流进入干燥仓后，随着物料盘层数的增加，干燥仓内气流场的分布无明显的差别，都是物料盘层中心的风速最小，盘层两侧的风速逐渐增大，最靠近盘层的风速与入口风速相同，出口处的气流分布随着物料盘层的增加而发生略微的变化，这是由于盘层增多，对气流流动产生的阻力发生了变化。但是物料盘周围的风速场并没有受到影响，都比较均匀，因此，在实际的干燥时，根据风量和仓体大小可以将仓内的物料盘设计为三层或更多，这样既不会影响气流场的分布，导致物料干燥不均匀，又能提高干燥制品的产量。

a. 单层物料盘速度场云图

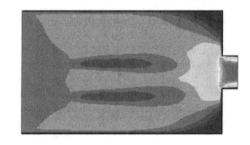

b. 双层物料盘速度场云图

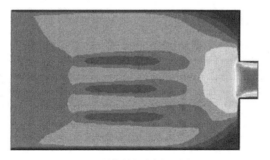

c. 三层物料盘速度场云图

图 6-19　不同物料盘层数的速度场分布情况（彩图请扫封底二维码）

3. 不同风速对干燥仓内风速场的影响模拟

通过以上两个模拟试验，选择出风口最佳条件和最大干燥物料量，即出风口在仓壁中部，物料盘层数为三层的干燥仓进行不同风速下的模拟仿真实验，考查不同风速对干燥过程中干燥仓内气流场的影响情况。具体的模拟参数及不同风速下的湍流情况见表 6-4 和表 6-5。

图 6-20 为不同通入风速时对干燥仓内速度场影响的模拟图，图 6-20a～d 分别为 0.5 m/s、1 m/s、1.5 m/s、3 m/s 时的速度场云图。由模拟结果可知，随着入口风速的增加，所有速度场的分布特性基本一致。从图 6-20 可以看出，当冷气流从入口进入干燥仓后，沿着仓体的长度方向逐渐接近右壁，距离入风口越远，风速越小，在靠近右箱壁时的风速几乎为 0。这是因为气流在靠近右壁的过程中，箱壁对气流的阻力逐渐变大，使得风速也就逐渐变小。干燥仓中心区域除物料区域外的风速较大外，仓内近壁区的风速趋于 0，符合无滑移的壁面边界条件。与干燥仓纵截面相比，出风口的面积相对较小，气流穿过仓体和物料向出风口附近汇聚时，形成了出风口的主流区域，同时受到干燥仓内外压力差的影响，出风口处的风速最高，为入风口风速的 5 倍。干燥仓在单位时间内的通入风量是不变的，所以风速越大，气流在干燥仓内流动的距离就越长，与物料接触的时间就越长，相应干燥的效果就越好。

a. 风速为 0.5 m/s 时速度场云图   b. 风速为 1 m/s 时速度场云图

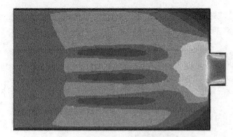 

c. 风速为 1.5 m/s 时速度场云图   d. 风速为 3 m/s 时速度场云图

图 6-20　不同风速下的速度场云图（彩图请扫封底二维码）

6.4.5　小结

以基于涡流管制冷效应的常压冷冻干燥仓为研究对象,采用计算机流体动力学方法中的 Fluent 6.0 软件对常压冷冻干燥仓内的气流场的运动规律进行了模拟,获得了干燥仓内速度场的详细信息,并且用图像的形式直观地表现出来,结果如下。

（1）干燥仓内的气流场与干燥仓出风口的位置关系密切,当出风口位于仓壁上部时,仓内的风速场分布不均匀,尤其随着物料层数的增加,这一现象更加明显,基于涡流管制冷效应的常压冷冻干燥原料中水分的升华主要是依赖冷气流场与物料升华界面之间的水蒸气分压差,如果物料盘周围的风速分布不均匀,将引起物料盘不同位置处的物料因风速不均匀而水蒸气分压不一致,从而导致干燥效果变差。

（2）不同物料盘层的模拟结果显示,盘层数的增加对干燥仓内气流场的分布特性无明显的影响,在干燥时为提高干制品产量可采用 3 层物料盘。

（3）不同风速下的速度场模拟显示,随着风速的增加,干燥仓内的速度场分布情况基本一致,并且风速越大,气流在干燥仓内流动的距离就越长,与物料接触的时间就越长,相应干燥的效果就越好。

第7章 怀山药高品质干燥技术分析

7.1 微波辅助真空冷冻干燥试验研究

7.1.1 引言

干燥是保证怀山药营养价值的重要手段。果蔬在干燥过程中易受温度影响，发生美拉德反应而引起褐变，所以干燥温度和时间是影响果蔬颜色变化的重要原因。目前，真空冷冻干燥所制得干制品的品质最佳，被广泛应用于食品和制药行业。FD存在着干燥时间长、能源消耗大、成本高等问题。微波辅助真空冷冻干燥是将微波辐射加热技术和真空冷冻干燥技术相结合的一项新技术。在真空条件下，利用微波辐射冻结状态下的物料，在高频交变电磁的作用下使物料水分子发生振动和相互摩擦，从而将电磁能转化为物料水分升华所需的潜热，达到脱水的目的，具有高效低温的特点。本试验以铁棍怀山药为试验材料，以复水性、色差和多糖得率为指标，寻求最佳工艺参数，研究微波真空冷冻干燥怀山药的干燥特性及干燥品质，为怀山药切片干燥方法的选择提供理论依据和生产指导。

7.1.2 试验材料与方法

1. 材料与试剂

河南焦作怀庆铁棍怀山药（新鲜铁棍怀山药，在0~4℃冷库储藏2个月），购于河南温县，选择个体完整、粗细均匀、无机械损伤、肉质洁白的铁棍怀山药。

无硫复合护色液：由质量百分比浓度分别为0.02 g/100 ml L-半胱氨酸、1.4 g/100 ml柠檬酸、0.016 g/100 ml 维生素C及2.5 g/100 ml NaCl的护色剂复合而成。

葡萄糖标准溶液：精密称取在105℃干燥至恒重的葡萄糖标准品1.008 g，加水溶解，并定容至100 ml混匀，置4℃冰箱中保存备用。

硫酸溶液：取10 ml浓硫酸加入80 ml左右水中，混匀，冷却后稀释至100 ml。

80%乙醇、5%苯酚溶液、石油乙醚、三氯甲烷、正丁醇（均为分析纯）。

2. 仪器与设备

本节研究主要试验仪器及设备见表 7-1。

表 7-1　主要试验仪器

仪器设备	型号	制造商
微波真空冷冻干燥机	YHW-3S 型	南京亚泰微波能研究所
电热鼓风干燥箱	102-2 型	北京科伟永兴仪器有限公司
紫外-可见分光光度计	UV754N 型	上海佑科仪器仪表有限公司
离心沉淀机	80-2 型	江苏金坛市中大仪器厂
电子天平	BS223S 型	赛多利斯科学仪器（北京）有限公司
色差仪	X-rite Color I5 型	美国爱色丽仪器有限公司
电热恒温水浴锅	HH-S6 型	北京科伟永兴仪器有限公司
旋转蒸发器	RE52CS-1	上海亚荣生化仪器厂

微波真空冷冻干燥机，该设备阳极电流与微波功率对应关系如图 7-1 所示。

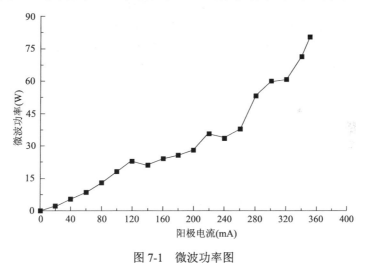

图 7-1　微波功率图

3. 试验方法

1）护色处理

将新鲜怀山药清洗、去皮切片后在上述护色液中浸泡 3 h 护色，沥干表面水分备用。

2）干燥处理

微波辅助真空冷冻干燥试验：首先启动微波真空冷冻设备中的制冷机，使制冷温度降至–30℃，分别取厚度为 3 mm、5 mm、7 mm 怀山药切片 300 g，放入微波干燥仓内，利用光纤测定物料中心温度。启动真空泵，使真空度降至设定值 90 Pa、100 Pa、120 Pa 时进行控制。待物料表面和中心温度降至–15℃以下，启动微波系统，以调节阳极电流强度来控制微波加热能量。物料干燥至干基含水率为 0.40 g/g 时，采用间歇式微波加热 10 min，间歇 2 min，直至干燥到安全含水率 0.12 g/g。利用单因素和 L$_9$(3^4) 正交试验考查不同物料厚度、真空度及微波功率对怀山药干燥特性及品质的影响。

3）怀山药干基含水率测定

采用《食品中水分的测定》（GB 5009.3—2010）直接干燥法测定怀山药含水率。以 ω 表示干基含水率，公式如下：

$$\omega = \frac{m - m_d}{m_d} \qquad (7\text{-}1)$$

式中，ω 为干基含水率（g/g）；m 为样品质量（g）；m_d 为干物质质量（g）；干物质质量采用常压干燥法测定。设定干燥箱温度为 105℃，称取一定质量的怀山药，放入干燥箱除湿干燥，待其质量不再发生变化后干燥结束。

4）怀山药干制品复水性能的测定

精确称取干燥后所得的怀山药片 5.000 g 测定复水性能。将称取的怀山药干制品分别快速放在盛有 60℃、100 ml 蒸馏水的三角锥形瓶中，然后放置在 60℃恒温水浴锅中。2 h 后快速取出，在室温下沥干表面水分，称其质量。采用公式（7-2）测定复水率：

$$R_f(\%) = \frac{m_f - m_g}{m_f} \times 100 \qquad (7\text{-}2)$$

式中，R_f 为复水率（%）；m_f 为干制品复水后沥干的质量（g）；m_g 为脱水怀山药干制品质量（g）。

5）色差测定

根据国际发光照明委员会（CIE）均匀色空间理论，利用 X-rite I5 色差仪测定样品的 L 值（以新鲜怀山药为标准样品），选择 6 mm 孔径测量。干燥后的怀山药切片利用研钵粉碎，混合均匀后测量明亮度 L 值。每个试验取 3 个平行样，取平均值。

6）多糖提取及测定

用水提醇沉法对怀山药多糖进行提取，苯酚-硫酸比色法测定。多糖得率按公式（7-3）进行计算：

$$\varepsilon(\%) = \frac{m_2}{m_1} \times 100 \qquad (7\text{-}3)$$

式中，ε 为多糖得率（%）；m_2 为测定的多糖含量（g）；m_1 为所测样品质量（g）。

7）干燥能耗计算

干燥能耗以每干燥 1 kg 怀山药片的能耗计算，采用单向数字电表对每次试验的电耗记录，取平均耗电量，单位 kJ/kg。

8）统计方法

每次试验设定 3 个平行样，取平均值。采用 Origin 8.0（美国 Origin Lab 公司）和 DPS（ver.8.05）数据处理软件对试验数据进行处理和方差分析。

$L_9(3^4)$ 正交试验以复水率、色泽、多糖得率为指标，对所得的指标数据进行归一化处理，消除各指标的量纲，使各指标处于同一数量级上，设 $Y_{j\max}$ 对应 100 分，$Y_{j\min}$ 对应 0 分，按照公式（7-4）计算各指标观测值的评分值：

$$Y_{ij}'(\%) = \frac{Y_{ij} - Y_{j\min}}{Y_{j\max} - Y_{j\min}} \times 100 \qquad (7\text{-}4)$$

然后通过加权综合评分的方法进行计算。

7.1.3　结果与分析

1. 微波真空冷冻干燥对怀山药切片干燥特性的影响

1）真空度对怀山药微波真空冷冻干燥的影响

在切片厚度为 5 mm、阳极电流强度为 30 mA 条件下，分别设定真空度为 90 Pa、100 Pa、120 Pa，对怀山药进行微波真空冷冻干燥试验，考查真空度对怀山药切片干燥的影响。怀山药切片干基含水率随真空度变化规律如图 7-2 所示。

从图 7-2 可以看出，真空度对怀山药的干燥速率有显著影响，真空度越高，达到安全含水率的时间则越短，怀山药的干燥速率越快。这是因为随着真空度的升高，冻结后的产品在密闭的真空容器中，其冰晶易升华成水蒸气逸出而使产品脱水干燥。开始阶段干燥是将水以冰晶的形式除去，因此其温度和压力都必须控制在产品共熔点以下，才不会使冰晶融化。但随着干燥过程的进行，由于吸附水吸附能量高，因此需要提供足够的能量；同时能量过高又易使产品过热或者变性。因此，在保证品质的前提下，为了使解析出来的水蒸气有足够的动力逸出产品，干燥箱内低真空度使物料内外部蒸汽压差增大，增加了物料内部水分向外扩散的动力。考虑到微波干燥仓内真空度过低（压力过高）状态下，容易使物料内部骨架和冰晶出现崩解和融化导致产品品质下降。并且在真空条件下，气体分子易被电场电离产生等离子体，发生电晕放电现象，这样不仅会消耗微波能、破坏谐振腔中电磁场分布的均匀性，还可能产生较大的微波反射，从而缩短磁控管使用寿命。在试验中，100 Pa 和 120 Pa 条件下物料表面平整，而真空度为 90 Pa 条件下，怀山药表面有轻微裂痕。因此，选择真空度为 100～120 Pa 做进一步正交试验。

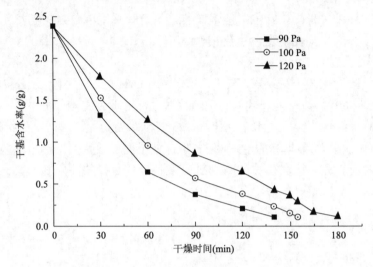

图 7-2 不同真空度下微波真空冷冻干燥曲线

2）微波功率对怀山药微波真空冷冻干燥的影响

在切片厚度为 5 mm、真空度为 100 Pa 时分别设定阳极电流强度为 20 mA、30 mA、40 mA 条件下对怀山药进行微波辅助真空冷冻干燥试验，考查微波功率对怀山药切片干燥的影响（由图 7-1 可知，微波功率与阳极电流呈正相关关系，当阳极电流为 20 mA、30 mA、40 mA 时，微波功率分别为 2.2 W、3.75 W、5.4 W）。怀山药切片干基含水率随微波功率的变化规律如图 7-3 所示。

从图 7-3 可以看出，随着微波功率的增加，达到安全含水率的时间缩短。这是因为物料对微波的介电吸收，从而加速了分子间相互碰撞摩擦，使微波能转化为热能，物料内部快速加热。在开始阶段怀山药水分含量较高，水是极性分子，较易受到微波作用而发热，干燥速率较快。微波加载过大情况下，容易导致物料升温过快，使得冰核局部融化，产品质量下降。当阳极电流强度为 40 mA 时，干燥速率最快，但物料表面出现硬化现象。因此选择 20～40 mA 的阳极电流强度，即对应微波强度为 2.2～5.4 W，做进一步正交试验。

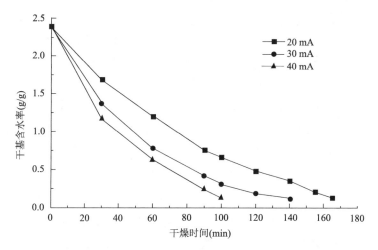

图 7-3　不同微波功率下微波真空冷冻干燥曲线

3）怀山药切片厚度对微波真空冷冻干燥的影响

在真空度为 100 Pa、阳极电流强度为 30 mA 条件下，分别设定切片厚度为 3 mm、5 mm、7 mm，对怀山药进行微波真空冷冻干燥处理，考查物料厚度对怀山药切片干燥的影响。怀山药切片干基含水率随物料切片厚度的变化规律如图 7-4 所示。

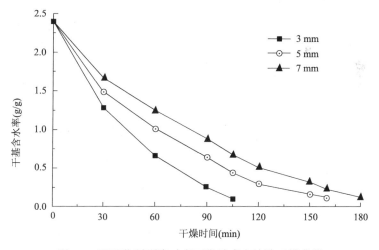

图 7-4　不同物料厚度功率下微波真空冷冻干燥曲线

从图 7-4 可以看出，在干燥过程中，随着物料厚度的增加，干燥速率减慢。但是，并非切片厚度越薄越好，因为微波具有穿透性，它可以直接透入物料内部，对内外均衡加热，从而大大缩短了干燥时间，但它存在一个穿透深度的问题，相对于被干燥物料的尺寸量级，在温度分布方面产生不能接受的不均匀性。又由于微波加热具有响应快的特性，加热的时滞极短，加热与升温几乎是同时的。切片厚度较大时，过快的加热速度会在物料内部形成很大的温度梯度，因热应力过大而引起物料开裂。切片厚度较小时，物料表面的水蒸气迅速被带走，表面也会因收缩过快而导致物料焦化，表层组织硬化、结壳。在实际干燥过程中，切片厚度为 3 mm 时，怀山药干硬、翘曲变形，产品质量下降；而当切片太厚时，干燥过程中会出现怀山药片崩裂的现象。因此，选择切片厚度为 3 mm、5 mm、7 mm 做进一步正交试验。

2. 怀山药微波真空冷冻干燥正交试验研究

为了进一步确定怀山药切片微波真空冷冻干燥工艺最佳参数，试验以怀山药干制品的复水率、多糖得率、色差 L 值为指标，正交试验因素水平见表 7-2，对 3 个试验指标进行加权分配，作为药食同源的怀山药，其干制品首先应具有较高的药用性能、营养价值和复水性能，其次考虑其外观色泽。为此采用综合加权评分法，对各指标进行加权，根据各指标的重要程度设定复水率、多糖得率、色差 L 值的加权值 w_j 分别为 $w_1 = 0.4$、$w_2 = 0.4$、$w_3 = 0.2$，且 $w_1+w_2+w_3=1$；对各指标按加权综合评分法公式（7-4）进行综合评分，即计算加权综合评分值 $Y=0.4Y_1+0.4Y_2+0.2Y_3$。采用 $L_9（3^4）$ 正交试验表对怀山药干燥特性及品质进行研究，利用 DPS 8.05 数据处理软件，试验结果及极差分析见表 7-3、方差分析见表 7-4。

表 7-2　真空冷冻干燥正交试验因素水平表

水平	A 切片厚度（mm）	B 真空度（Pa）	C 微波功率（W）
1	3	100	2.2
2	5	110	3.75
3	7	120	5.4

表 7-3　真空冷冻干燥 L_9（3^4）正交试验结果与极差分析

试验号	A	B	C	空白	Y_1 复水率（%）	Y_2 多糖得率（%）	Y_3 L 值	Y 综合分
1	1	1	1	1	81.9	10.18	79.87	52.806
2	1	2	2	2	73.3	11.38	76.21	49.114
3	1	3	3	3	57.6	9.21	80.27	42.778
4	2	1	3	2	96.1	19.18	92.83	64.678
5	2	2	1	1	80.8	12.48	82.68	53.848

续表

试验号	A	B	C	空白	Y_1 复水率（%）	Y_2 多糖得率（%）	Y_3 L 值	Y 综合分
6	2	3	2	1	66.3	12.06	74.87	46.318
7	3	1	2	3	49.4	17.32	90.85	44.858
8	3	2	3	1	36.5	10.89	80.85	5.126
9	3	3	1	2	52.9	9.72	73.87	39.822
K1	144.698	162.342	134.25	146.471				
K2	164.844	138.088	153.614	140.29				
K3	119.806	128.918	141.484	142.582				
k1	48.233	54.114	44.75	48.825				
k2	54.948	46.029	51.205	46.763				
k3	39.935	42.93	47.161	47.527				
极差 R	15.013	11.141	6.455	2.062				
较优水平	A_2	B_1	C_2					
因素主次			$A>B>C$					
较优搭配			$A_2B_1C_2$					

表 7-4 真空冷冻干燥正交试验方差分析

方差来源	平方和	自由度	均方	F	显著水平
因素 A	339.32	2	169.66	52.040	$\alpha = 0.05$
因素 B	198.83	2	99.42	30.494	$\alpha = 0.05$
因素 C	63.83	2	31.91	9.789	$\alpha = 0.1$
误差 e	6.52	2	3.26		
总和 T	6.52	8			

注：$F_{0.01}$（2,2）= 99.01，$F_{0.05}$（2,2）=19，$F_{0.1}$（2,2）=9

从正交试验极差分析表 7-3 和方差分析表 7-4 可以得出，各因素对综合指标影响显著且影响主次为切片厚度>真空度>微波功率，怀山药微波真空冷冻干燥最佳工艺参数为 $A_2B_1C_2$ 即真空度 100 Pa、切片厚度为 5 mm、阳极电流强度为 30 mA，此条件下，实际测定复水率为 95.6%、多糖得率为 18.97%、L 值为 92.90，干燥时间为 150 min。干燥 300 g 怀山药片，实际干燥总耗能为 8.506 kW·h，干燥耗能为 7875.9 kJ/kg。

7.1.4 小结

（1）试验采用连续微波辅助真空冷冻干燥处理使怀山药切片干燥至 0.40 g/g（干基含水率）之后，再采用间歇式微波加热对怀山药切片进行干燥，各因素对综合指标影响主次为真空度>切片厚度>微波功率；获取的最佳工艺参数为真空度 100 Pa、切片厚度 5 mm、阳极电流强度为 30 mA。此条件下，干燥时间 150 min，干燥耗能为 7875.9 kJ/kg，制得的干制品复水率为 95.6%、多糖得率为 18.79%、L 值为 92.90。

（2）试验采用微波真空冷冻对物料进行干燥时，水分不经过液态而直接升华，无机盐等营养素不发生溶质迁移而不会导致物料收缩或硬化，使得物料在冻结状态下，实现脱水干燥。制得干制品组织结构疏松，在复水性、色泽、质量等方面优良。因此，微波辅助真空冷冻干燥技术适合怀山药等富含热敏性活性成分含量高的物料干燥。

7.2   不同干燥方式对怀山药干燥特性及品质的影响

7.2.1   引言

怀山药是我国传统的药食同源食物，富含多种营养成分，具有极高的药用功能和营养价值。其中山药多糖是怀山药主要的有效成分之一，具有治疗糖尿病、抗肿瘤、抗衰老及增强机体免疫力等作用，并被广泛应用于医疗、保健和食品等方面。然而新鲜怀山药不易储存，易发生腐败变质。因此研究怀山药干制品干燥方法尤为重要。

试验分别采用常压冷冻干燥（AFD）、微波辅助冷冻干燥（MFD）、冷冻干燥（FD）、真空干燥（VD）、热泵干燥（HPD）5 种不同干燥方式对新鲜怀山药进行干燥试验。研究不同干燥方法对其干燥特性及干燥品质的影响，为怀山药的加工、储运提供选择和技术支持。

7.2.2   试验材料与方法

1. 材料与试剂

怀山药：购于河南洛阳大张盛德美超市，选择个体完整、粗细均匀、无机械损伤、肉质洁白、产区为河南沁阳市的新鲜铁棍怀山药[干基含水率为（3.89±0.15）g/g]。

无硫复合护色液：同 7.1.2。

试剂：葡萄糖、石油醚、无水乙醇、苯酚、浓硫酸、福林酚（Folin-Ciocalteu，FC）试剂、没食子酸标准品、1,1-二苯基-2-三硝基苯肼（DPPH）、三氯甲烷、正丁醇（均为分析纯）。

2.试验仪器及设备

本节研究主要试验仪器及设备见表 7-5。

表 7-5　主要试验仪器

仪器设备	型号	制造商
常压冷冻干燥试验台	装置示意图见第 3 章	本实验室自行设计搭建
热泵干燥机	GHRH-20 型	广东省农业机械研究所干燥设备制造厂
真空干燥机	DZF-6050 型	上海精宏实验设备有限公司
真空冷冻干燥机	FD-2 型	济南普纳仪器设备有限公司
微波真空冷冻干燥机	YHW-3S	南京亚泰微波能研究所
紫外-可见分光光度计	UV754N 型	上海佑科仪器仪表有限公司
离心沉淀机	80-2 型	江苏金坛市中大仪器厂
旋转蒸发器	RE52CS-1	上海亚荣生化仪器厂
循环水式真空泵	SHZ-DⅢ	巩义市英峪仪器厂
电子天平	BS223S 型	赛多利斯科学仪器（北京）有限公司
电热恒温干燥箱	102-2 型	北京科伟永兴仪器有限公司
恒温水浴锅	HH-S6 型	北京科伟永兴仪器有限公司
色差仪	X-rite Color I5	美国爱色丽仪器有限公司

3. 试验方法

1）护色处理

将新鲜怀山药清洗、去皮切片 5 mm 后在上述护色液中浸泡 3 h 护色，沥干表面水分备用。

2）干燥处理

（1）常压冷冻干燥：首先将物料放入干燥箱托盘内，启动空气压缩机使得涡流管进口压力达到设定值，再启动涡流管制冷系统使得干燥箱出口温度和加热系统温度达到设定值，加温到设定值后保温，直至干燥到安全含水率 0.12 g/g（干基含水率），完成工艺要求后关闭电源，使物料电机停止工作，打开通气阀，完成一次工作流程。

（2）微波真空冷冻干燥：首先启动微波真空冷冻设备的制冷机，使得制冷温度降至低于–33℃，把物料放入微波干燥仓内，使光纤探针插入物料内部，测定物料中心温度，打开真空泵，使真空度降至设定值，进行控制。待物料表面和中心温度降至–13℃以下，开始启动微波系统，以调节阳极电流强度来控制微波加热能量，干燥至物料干基含水率为 0.4 g/g 时，采用间歇式微波加热 5 min，间歇 2 min，直至干燥到安全含水率 0.12 g/g，对怀山药干燥特性及品质进行研究。

（3）真空干燥：首先启动真空干燥使得温度达到设定温度 60℃，放入物料切片厚度为 5 mm，开启真空阀使得真空度为 0.06 MPa 的条件下，干燥至安全含水率 0.12 g/g 以下。

（4）真空冷冻干燥：首先将物料放在托盘中，称其物料和托盘质量，然后放入冷库中迅速冷冻至–40℃，再放入真空室进行干燥，打开真空泵，使真空室内的真空度为 20 Pa，开始一次干燥的加热隔板温度为–10℃，冷阱温度–40℃。干燥 10 h后，再调隔板温度到 30℃，干燥至安全含水率 0.12 g/g，整个干燥过程为 17.5 h。

（5）热泵干燥：打开热泵干燥试验台，待达到设定风温 40℃和风速为 1.0 m/s，相对湿度 30%，放入厚度为 5 mm 的怀山药切片，使物料单层平铺在干燥网上，然后干燥至安全含水率 0.12 g/g。

3）怀山药干基含水率的测定

怀山药干基含水率的测定同 7.1.2。

4）怀山药多糖得率的测定

怀山药多糖得率的测定同 7.1.2。

5）怀山药干燥能耗的测定

怀山药干燥能耗的测定同 7.1.2。

6）怀山药复水率的测定

怀山药复水率的测定同 7.1.2，略有改动。称取干燥的怀山药片样品放入盛有40℃蒸馏水的烧杯中，于恒温水浴锅中保温，每隔 5 min 取出，沥干表面水分，称重；重新放回原烧杯中，于恒温水浴锅重新计时 5 min，再取出称重。重复操作至怀山药片吸水呈饱和态。

7）怀山药色差测定

根据国际发光照明委员会（CIE）均匀色空间理论，利用 X-rite I5 色差仪测定样品的色差值（以新鲜怀山药为标准样品），选择 6 mm 孔径测量。干燥后的怀山药切片利用研钵粉碎，混合均匀进行测量。按照色度分析原理，ΔL 为明度差异，ΔL 大表示偏白，ΔL 小表示偏黑。Δa 为红/绿差异，Δa 大表示偏红，Δa 小表示偏绿。Δb 为黄/蓝差异，Δb 大表示偏黄，Δb 小表示偏蓝。总色差 ΔE_{ab} 按公式（7-5）计算，每个试验取 3 个平行样，取平均值。

$$\Delta E_{ab} = \sqrt{\left(\Delta L\right)^2 + \left(\Delta a\right)^2 + \left(\Delta b\right)^2} \qquad （7-5）$$

式中，ΔE_{ab} 为总色差的大小；ΔL、Δa、Δb 分别为试样测量值与标准样品测量值的差值。

8）怀山药 PPO 活力

取怀山药干制品片 5 g，加入 25 ml、0.1 mol/L 磷酸缓冲液（pH 7.0，含 0.1% PVP），冰浴研磨，在 4℃、12 000 r/min 条件下高速冷冻离心 20 min，取上清液为粗酶提取液。PPO 活力测定体系为 3 ml，其中 0.2 mol/L 邻苯二酚 0.3 ml 与 0.1 mol/L 磷酸缓冲液（pH 7.0）2.6 ml 混合后预热至 25℃，然后迅速加入 PPO 提取液 0.1 ml，混匀，放入石英比色皿中。在另一支比色皿中加入蒸馏水 0.1 ml（作为空白溶液），记录 3 min 后在波长 408 nm 处的吸光度 OD 值。一个酶活力单位（U）定义为：在测定条件下，每毫升（ml）酶液每分钟（min）引起吸光度 OD 值改变 0.001 所需的酶量。每个试验取 3 个平行样，取平均值。

$$酶活力 = \frac{\Delta OD_{408\,nm}}{0.001 \times 0.1 \times 3} \qquad （7\text{-}6）$$

9）干燥后怀山药收缩率（shrinkage，DS）、密度（bulk density，BD）的测定

DS 为怀山药在干燥前后体积的变化。本试验采用排沙法测体积，利用 80 目分样筛，称取一定质量的细沙，并测其密度 ρ 为 1.36×10^3 kg/m^3，利用细沙体积的变化来表征怀山药的体积变化，并称其干燥后质量，测定不同干燥方式下怀山药干燥后的收缩率、密度，其公式为

$$DS = \frac{V}{V_0} \times 100\% \qquad （7\text{-}7）$$

$$\rho = \frac{m}{V} \qquad （7\text{-}8）$$

式中，V_0 为新鲜怀山药的初始体积；V 为干燥后怀山药的体积；m 为干燥后怀山药的质量。

10）干燥后怀山药抗氧化性的测定

本试验中怀山药的抗氧化性由多酚和 DPPH 自由基清除率表征。多酚对怀山药的抗氧化活性影响极大，其含量由 Folin-Ciocalteu 法测定，以没食子酸为标准计算多酚含量。DPPH 法是一种快速、简便、灵敏、直接、可行的方法。采用参考文献中 DPPH 清除率测定方法，略改动。

（1）DPPH 标准溶液：准确称取 DPPH 10.12 mg，配置为 5.0×10^{-2} mg/ml 质量浓度的标准溶液，放置在 4℃冰箱中保存备用（现配现用）。

（2）标准曲线的制作：分别取 0 ml、0.5 ml、1.0 ml、1.5 ml、2.0 ml、2.5 ml 标准溶液，用无水乙醇定容至 5 ml，分别配制 0 μg/ml、5 μg/ml、10 μg/ml、15 μg/ml、

20 µg/ml、25 µg/ml 的质量浓度，在 517 nm 测其吸光度，以浓度 C 为横坐标，以吸光度 A 为纵坐标，得到标准曲线：$y=0.032\,157\,65x+0.002\,194$，$R^2=0.9996$（式中，$x$ 为质量浓度，单位为 µg/ml；y 为吸光值）。

（3）称取干燥后怀山药片 2.0 g，在提取温度为 60 ℃、提取时间为 3 h、水料比 16：1 条件下得到的怀山药提取物，测定对 DPPH 的清除率，将表 7-6 各管充分混匀，室温下放于黑暗处反应 30 min，517 nm 处测定各管的吸光度。DPPH 清除率计算公式如下：

DPPH 清除率（%）=$[1-(A_{517\,nm}$样品$/A_{517\,nm}$样品参比$)/A_{517\,nm}$对照$]\times100$

表 7-6　DPPH 清除率测定方法

试剂	空白管	对照管	样品管	样品参比管
去离子水（ml）	2.4	2.4	—	—
样品（ml）	—	—	2.4	2.4
无水乙醇（ml）	1.6	—	1.6	1.6
0.2 mmol/L DPPH（ml）	—	1.6	—	—

7.2.3　结果与分析

1. 干燥方式对怀山药干燥特性的影响

在 5 种不同干燥方式下对怀山药进行干燥试验，图 7-5 为干燥时间与干基含水率的关系，从图 7-5 中可知，比较 5 种干燥方式，HPD 干燥时间最短为 4.5 h。这是由于热泵干燥方式存在对流和加热过程，温度可以提高干燥速率，使干燥时间大大缩短。FD 干燥至安全含水率（干基含水率 0.07 g/g）时，所耗时间为 17.5 h，VD 干燥时间为 10 h，AFD 干燥时间为 12 h，然而 MFD 干燥时间为 5 h。其原因是干燥过程中微波源的加入使得其干燥速率远远高于真空冷冻干燥，干燥时间缩短，干燥过程中物料内部水分扩散速率小于表面汽化量，尤其是在降速阶段，微波能量直接耗散于被干燥物料的湿区，产生相对大的温度梯度，并且其温度梯度与湿度梯度方向是一致的，这就加大了物料内部传热传质的推动力，也就加大了物料干燥的速率。

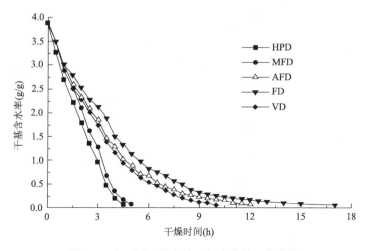

图 7-5　在不同干燥方法下怀山药的干燥曲线

2. 干燥方式对怀山药干制品复水性的影响

根据张愁等的研究结论,真空干燥产品比常压干燥产品的复水性普遍要好些,干燥温度过高则会引起复水率的下降,而干燥时间过长同样会引起复水率下降。图 7-6 为不同干燥方法下怀山药的复水率。从图 7-6 可知,微波真空冷冻干燥的怀山药其复水性最好,其次是真空冷冻干燥,常压冷冻干燥的效果稍差些,真空干燥次之,热泵干燥最差。MFD、FD、AFD 干燥后怀山药能在短时间内复水,饱满,复水后产品质地较软;HPD、VD 干燥后怀山药发黄、组织致密、收缩严重、几乎无气室,很长时间后才能复水结束,怀山药切片仍有卷曲,复水后质地较硬。说明干燥过程中,干燥温度和干燥时间是影响怀山药复水性的主要因素。

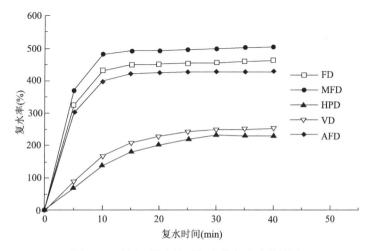

图 7-6　不同干燥方法对怀山药复水率的影响

3. 干燥方式对怀山药干制品多糖得率和干燥能耗的影响

图 7-7 为不同干燥方法下，怀山药多糖得率和干燥能耗的测定值。

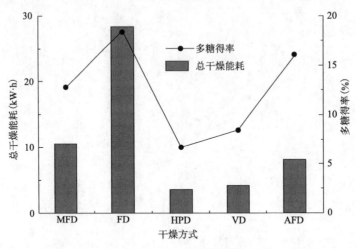

图 7-7　不同干燥方式下怀山药多糖得率和干燥能耗

从图 7-7 可知，FD 的干燥能耗最大，HPD 干燥能耗最小，其中 FD 干燥能耗为 (28.50±0.35)kW·h。VD 和 HPD 干燥能耗分别为 FD 干燥能耗的 14.4% 和 12.63%。MFD 和 AFD 的干燥能耗分别仅为 FD 干燥能耗的 36.9% 和 28.8%。这是因为 HPD 和 AFD 干燥装置省去了 FD 中的真空泵装置，使得干燥能耗降低，而 MFD 由于微波源的加入，干燥速率增加，干燥时间缩短，总干燥能耗降低。5 种干燥方式中 FD 干燥处理下怀山药多糖得率最高，AFD 多糖得率次之，HPD 多糖得率最低。综合干燥能耗和多糖得率考虑，AFD 相对于其他 4 种干燥方式，能耗较低且多糖得率较高。

4. 干燥方式对怀山药干制品色差的影响

表 7-7 为不同干燥方法下怀山药颜色变化值。从表 7-7 可知，真空冷冻干燥怀山药的颜色最接近新鲜怀山药，其次是常压冷冻干燥，热泵干燥的色质最差。由此也可以看出，真空冷冻干燥怀山药的颜色并无明显变化，其颜色和亮度最接近新鲜怀山药。MFD、AFD 干燥后怀山药的亮度稍有降低。这与干燥过程中产品的干燥温度有直接关系，温度越高，物料颜色就变化得越深。冷冻干燥比热泵对流干燥和真空干燥所得到的产品颜色要好得多。这是因为在热泵对流干燥中，水分蒸发引起生物化学反应，使得颜色变差，亮度低于冷冻干燥。

表 7-7　不同干燥方式下怀山药色差变化值

干燥方法	ΔE_{ab}	ΔL	Δa	Δb
新鲜		87.12±0.50	−0.74±0.010	8.48±0.05
AFD	1.88	85.77±0.60	−1.33±0.016	7.32±0.04
FD	1.49	86.05±0.50	−1.28±0.019	7.59±0.04
HPD	20.33	67.18±0.37	0.41±0.004	12.25±0.07
VD	15.60	72.02±0.76	2.96±0.020	9.76±0.07
MFD	2.70	84.98±0.52	0.78±0.010	7.83±0.05

5. 干燥方式对怀山药 PPO 活力的影响

图 7-8 为不同干燥方式对怀山药 PPO 活力的影响。

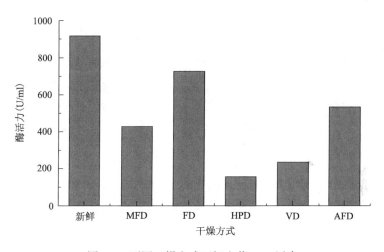

图 7-8　不同干燥方式下怀山药 PPO 活力

从图 7-8 可以看出，对于活性物质多酚氧化酶（PPO），测定新鲜怀山药的吸光值为 0.273，酶活力为 920 U/ml；测定真空冷冻干燥的产品吸光值为 0.219，酶活力达 730 U/ml；测定常压冷冻干燥的产品吸光值为 0.162，酶活力达 540 U/ml；测定微波辅助真空冷冻干燥的产品吸光值为 0.129，酶活力达 430 U/ml；测定热泵干燥的产品吸光值为 0.048，酶活力为 160 U/ml；测定真空干燥产品吸光值为 0.072，酶活力为 240 U/ml。试验结果表明，真空冷冻干燥在低温条件下，对活性物质 PPO 的保存效果非常明显。较高温度和干燥时间都对 PPO 活力有影响，温度越高，干燥时间越长，影响越大。由于干制品中酶仍具有很高的活力，且脱水后的干制品易吸潮，因此，干燥后产品仍须采用真空包装，以防发生酶促褐变。

6. 干燥方式对怀山药收缩率、密度及抗氧化性的影响

表 7-8 为不同干燥方法下怀山药的收缩率、密度及抗氧化性。根据干燥后物料的密度计算其收缩率。干燥后物料密度越低、孔隙率越大，则原来物料的收缩率就越小。

表 7-8　不同干燥方式下怀山药的收缩率、密度及抗氧化性

干燥方式	BD（g/cm³）	DS（%）	相对干燥前新鲜怀山药的平均变化率（%）	
			抗氧化性下降幅度	多酚含量下降幅度
MFD	0.47	71±0.51	17.4	21.6
FD	0.33	81±0.42	4.2	3.1
HPD	0.74	38±0.21	30.6	39.7
VD	0.67	52±0.32	32.5	46.2
AFD	0.41	74±0.64	12.8	16.3

由表 7-8 可知，FD 后的怀山药密度仅为 0.33 g/cm³，而 HPD 干燥后怀山药密度为 0.74 g/cm³，这是因为对流干燥会使细胞壁变硬，从而形成较硬的外层，使得物料密度较大、孔隙率较小，即收缩率较大。在低温干燥物料中，AFD、MFD 干燥后的物料密度最小，且与 FD 干燥相近，这是因为在 FD、AFD 及 MFD 干燥方式下，怀山药中的水分不经过液态而直接升华，溶于水的无机盐等不会发生溶质迁移，使得物料收缩较小。VD、HPD 干燥后密度较高，这与干燥后物料的组织变化有关，干燥后组织变硬，阻碍了体积收缩，使得收缩率下降。相对于新鲜怀山药，HPD 对流干燥和 VD 干燥后怀山药的抗氧化活性明显降低，分别为干燥前的 69.4% 和 67.5%，多酚含量也分别降低了约 39.7% 和 46.2%。FD、AFD 及 MFD 也会导致抗氧化活性和多酚含量降低，抗氧化活性降低了 5%～20%，而多酚含量降低了 4%～22%。其中 FD 干燥方式下怀山药其抗氧化活性和多酚含量均为最大，AFD 次之，VD 最小。

7.2.4　小结

（1）经过 5 种不同干燥方式处理，怀山药的物理特性分别表现为真空冷冻干燥＞常压冷冻干燥＞微波真空冷冻干燥＞真空干燥＞热泵干燥，色泽无较大差异。

（2）由于预冻可使物料形成稳定的固体骨架，能较好地保持物料原有的形态。在真空冷冻干燥、常压冷冻干燥、微波真空冷冻干燥方式下脱水后，物料的骨架基本维持不变，利于形成多孔的海绵状结构，使得怀山药干制品具有很高的复水率。

（3）经过 5 种不同干燥方式处理，怀山药的 PPO 活力、抗氧化活性及多酚含量分别表现为真空冷冻干燥>常压冷冻干燥>微波真空冷冻干燥>真空干燥>热泵干燥，在低温条件下，对活性物质 PPO、怀山药抗氧化活性及多酚含量保存效果非常明显。较高温度和干燥时间都对 PPO 活力、抗氧化活性及多酚含量有影响。

（4）常压冷冻干燥后干制品的品质优于微波冷冻干燥、热泵干燥和真空干燥，并且最接近于真空冷冻干燥产品，干燥能耗仅为真空冷冻干燥的28.8%。因此，从干燥品质和能耗两个方面综合考虑，常压冷冻干燥处理不仅能提高怀山药干燥速率，而且在保证干燥品质的前提下减少了干燥能耗，适于在怀山药干制品行业进行应用推广。

参 考 文 献

陈红意, 赵满全. 2012. 干燥箱内温度场和气流场的建模仿真与试验研究[J]. 农机化研究, 8: 98-101

陈金秀, 高松颖, 马培志. 1998. 怀庆山药对小鼠脑内单胺递质水平的影响[J]. 中国中药杂志, 23(11): 693-694

陈艳, 姚成. 2004a. 怀山药及其种植土壤中微量元素的测定[J]. 广东微量元素科学, 11(2): 49-52

陈艳, 姚成. 2004b. 怀山药中氨基酸含量的测定[J]. 氨基酸和生物资源, 26(2): 47-48

陈艳珍, 任广跃, 张仲欣, 等. 2009b. 怀山药无硫护色及热风干燥研究[J]. 农产品加工学刊, 10(下): 89-96

陈艳珍, 任广跃, 张仲欣, 等. 2010. 怀山药干燥处理模型的建立与评价[J]. 河南科技大学学报 (自然科学版), 31(1): 77-80

陈艳珍, 任广跃, 张仲欣. 2009a. 怀山药多酚氧化酶特性及其无硫护色研究[J]. 中国食品添加剂, 5: 107-112

陈媛媛, 符云鹏, 陈亮亮, 等. 2012. 微波真空干燥处理对铁棍山药多糖得率和干燥特性影响[J]. 农产品加工学刊, 11: 99-102

陈媛媛, 符云鹏, 陈亮亮, 等. 2013. 微波真空组合干燥果蔬的研究[J]. 干燥技术与设备, 11(6): 9-13

崔政伟, 杨以清. 2004. 微波真空干燥大蒜片的研究[J]. 农产品加工, 9: 38-39

代建武, 肖红伟, 白竣文, 等. 2013. 气体射流冲击干燥机气流分配室流场模拟与结构优化[J]. 农业工程学报, 29(3):69-76

丁志遵, 秦慧贞. 1995. 常用中药材品种整理和质量品质评价(南方篇): 第 2 册[M]. 福州: 福建科学技术出版社: 449

冯洪庆, 李惟毅. 2007. 常压吸附流化冷冻干燥过程的理论分析[J]. 中国石油大学学报(自然科学版), 31(4): 102-103

冯欣, 陈江平, 穆景阳. 2001. 立式陈列柜双层风幕的 CFD 优化[J]. 制冷学报, 2: 32-36

郜红利, 肖本见, 梁文梅. 2006. 山药多糖对糖尿病小鼠降血糖作用[J]. 中国公共卫生, 22(7): 804-805

韩清华, 李树君, 马季威, 等. 2006. 微波真空干燥膨化苹果脆片的研究[J]. 农业机械学报, (37): 156-158

杭悦宇, 秦慧贞, 丁志遵. 1992. 山药新药源的调查和质量研究[J]. 植物资源与环境, 1(2): 10-15

杭悦宇. 1996. 国产日本薯蓣主要化学成分含量和药理实验测定[J]. 植物资源与环境, 5(2): 5-8

胡国强, 杨保华, 张忠泉. 2004. 山药多糖对大鼠血糖及胰岛释放的影响[J]. 山东中医杂志, 23(4): 230-231

胡耀华, 蒋国振, 熊来怡, 等. 2012. 猕猴桃冷库内流场的 CFD 模拟[J]. 农机化研究, 5: 155-159

化春光, 任广跃, 朱文学. 2009. 微波真空组合干燥技术的研究[J]. 干燥技术与设备, 7(1): 57-62

姜元欣, 许时婴, 王璋. 2004. 南瓜渣的微波真空干燥[J]. 食品与发酵工业, 30(5): 58-62

阚建全. 2001. 山药活性多糖抗突变作用的体外实验研究[J]. 营养学报, 23(1): 76-78

李波, 芦菲, 刘本国, 等. 2010. 双孢菇片微波真空干燥特性及工艺优化[J]. 农业工程学报, 26(6): 380-384

李晖, 任广跃, 段续, 等. 2013. 热泵干燥怀山药片的工艺研究[J]. 干燥技术与设备, 11(6): 36-41

李晖, 任广跃, 时秋月, 等. 2014. 怀山药片热泵-热风联合干燥研究[J]. 食品科技, 39(6): 101-105

李树英. 1990. 山药健脾胃作用的研究[J]. 中药药理与临床, 9(4): 232

李惟毅, 冯洪庆, 郑宗和, 等. 2001. 粒状物料常压吸附流化床冷冻干燥的传热研究[J]. 工程热物理学报, 22(6): 740-742

李心刚, 李惟毅, 金志军, 等. 2000. 固态食品常压吸附流化冷冻干燥的研究[J]. 天津化工, 1: 8-11

李瑜, 许时婴. 2004. 大蒜干燥工艺的研究[J]. 食品与发酵工业, (30): 54-58

李远志, 王娟, 陈人人, 等. 2005. 微波真空干燥速溶香蕉粉的工艺研究[J]. 食品科学, (26): 31-34

廖朝晖, 朱必凤, 刘安玲, 等. 2003. 山药主要生化成分含量的测定[J]. 韶关学院学报, 24(6): 67-69

刘威, 任广跃, 段续, 等. 2015. 农产品微波干燥均匀性研究[J]. 干燥技术与设备, 13(4): 2-7

陆锐. 2012. 立式干燥机干燥单元的设计及其风速场的研究[D]. 武汉: 华中农业大学硕士学位论文: 6

苗明三. 1997. 怀山药多糖对小鼠免疫功能的增强作用[J]. 中药药理与临床, 13(3): 25-26

缪晨, 谢晶. 2013. 冷库空气幕流场的非稳态数值模拟及验证[J]. 农业工程学报, 29(7): 246-252

牛建平, 孙瑞霞, 孙剑辉. 2007. 气相色谱-质谱法分析怀山药中的有机成分[J]. 河南师范大学学报(自然科学版), 35(2): 122-125

彭成, 欧芳春, 罗光宇, 等. 1990. 大鼠脾虚造模及山药粥对其影响的实验研究[J]. 成都中医学院学报, 13(4): 38-44

任广跃, 陈艳珍, 张仲欣, 等. 2010a. 怀山药热风、微波及真空干燥的试验研究[J]. 食品科技, 35(7): 111-115

任广跃, 段续, 李晖, 等. 2012. 怀山药微波真空干燥模型的建立[J]. 食品与生物技术学报, 31(10): 1069-1073

任广跃, 化春光, 段续, 等. 2010b. 鲜切怀山药片微波干燥特性及其品质研究[J]. 食品科学, 31(22): 203-206

任广跃, 李晖, 段续, 等. 2013. 常压冷冻干燥技术在食品中的应用研究[J]. 食品研究与开发, 34(18): 119-122

任广跃, 刘亚男, 刘航, 等. 2016a. 响应面试验优化酶解辅助喷雾干燥制备怀山药粉工艺[J]. 食品科学, 37(6): 1-6

任广跃, 刘亚男, 乔小全, 等. 2017. 基于变异系数权重法对怀山药干燥全粉品质的评价[J]. 食品科学, 38(1): 13-19

任广跃, 任丽影, 张伟, 等. 2015. 正交试验优化怀山药微波辅助真空冷冻干燥工艺[J]. 食品科学, 36(12): 12-16

任广跃, 张伟, 张乐道, 等. 2016b. 多孔介质常压冷冻干燥质热耦合传递数值模拟[J]. 农业机械学报, 47(3): 214-220, 227

任广跃, 张忠杰, 朱文学, 等. 2011. 粮食干燥技术的应用及发展趋势[J]. 中国粮油学报, 26(2):

124-128

任丽影, 任广跃, 杨晓童, 等. 2015. 涡流管制冷常压冷冻干燥怀山药技术分析[J]. 食品科学, 36(20): 7-12

沈剑英, 赵云. 2008. 基于CFD的食品烘干机绿色设计[J]. 农机化研究, 1: 113-115

施娥娟. 2006. 多层带式干燥机厢内流场的计算流体动力学分析及优化[D]. 北京: 中国农业大学硕士学位论文: 5

舒思洁, 洪爱蓉, 胡宗礼, 等. 1998. 山药对糖尿病小鼠血糖、血脂、肝糖元和心肌糖元含量的影响[J]. 咸宁医学院学报, 1(4): 223-226

宋芸, 崔政伟. 2007. 微波真空干燥胡萝卜片过程中收缩变形的数学模型研究[J]. 食品开发与机械, 33(1): 62-65

孙丽娟, 崔政伟. 2007. 微波真空干燥法生产固体蜂蜜[J]. 食品研究与开发, 128: 104-109

覃俊佳, 周芳, 王建如, 等. 2003. 褐苞薯蓣对去势小鼠和肾阳虚小鼠的影响[J]. 中医药学刊, 21(12): 1993-1995

王飞, 刘红彦, 鲁传涛, 等. 2005. 5个山药品种资源的农艺性状和营养品质比较[J]. 河南农业科学, (3): 58-60

王喜鹏. 1996. 微波真空干燥过程的特性及应用研究[D]. 沈阳: 东北大学硕士学位论文

王勇, 赵若夏, 白冰, 等. 2008. 怀山药脂肪酸成分分析[J]. 新乡医学院学报, 25(2): 112-113

徐琴. 2006. 江苏产怀山药多糖成分的研究[D]. 南京: 南京农业大学硕士学位论文

闫沙沙, 段续, 任广跃, 等. 2015. 微波冷冻干燥传热传质模型的研究进展[J]. 食品与机械, 31(1): 244-248, 256

殷勇, 谢秀英, 白崇仁, 等. 1993. 提高箱式穿流干燥室流场均匀性的研究[J]. 农业机械学报, (3): 23-25

尹雪梅, 马秋阳, 吴学红. 2013. 室内环境对冷藏陈列柜内食品包温度影响的数值模拟[J]. 流体机械, 41(2): 61-65

尤小军. 2007. 单喷嘴混流压力式喷雾干燥塔三维数值模拟[D]. 景德镇: 景德镇陶瓷学院硕士学位论文

詹彤, 陶靖, 王淑如. 1999. 水溶性山药多糖对小鼠的抗衰老作用[J]. 药学进展, 23(6): 356-360

张国琛, 毛志怀. 2004. 微波真空干燥扇贝柱的物理特性研究[J]. 农业工程学报, 20(3): 141-144

张乐道, 任广跃, 董铁有. 2015. 微波真空组合干燥在食品加工中的应用[J]. 干燥技术与设备, 13(4): 23-27

张伟, 任广跃, 段续, 等. 2013. CFD在食品干燥过程及其干燥设备设计中的应用[J]. 干燥技术与设备, 11(6): 31-35

赵国华, 李志孝, 陈宗道. 2003. 山药多糖RDPS-I的结构分析及抗肿瘤活性[J]. 药学学报, 38(1): 37-41

赵国华, 王赟, 李志孝, 等. 2002. 山药多糖的免疫调节作用[J]. 营养学报, 24(4): 187-188

朱国鹏. 2012. 回热式热泵干燥装置的数值模拟与性能研究[D]. 武汉: 华中科技大学硕士学位论文

Abdul Ghania A G, Farid M M, Chen X D, et al. 1999. Numerical simulation of natural convection heating of canned food by computational fluid dynamics[J]. Journal of Food Engineering, 41(1): 55-64

Alves-Filho O, Eikevik T, Mulet A, et al. 2007. Kinetics and mass transfer during atmospheric freeze drying of red pepper[J]. Drying Technology, 25: 1155-1161

Alves-Filho O, Strommen I, Aasprong A, et al. 1998. Heat pump fluidized bed drying for lactic acid suspensions using inert particles and freeze drying[C]. 11th International Drying Symposium, Halkidiki, Greece, 8: 1833-1840

Alves-Filho O. 2010. Sweep numerical method and mass transport analysis in atmospheric freeze drying of protein particles[J]. Heat Mass Transfer, 46: 923-928

Boeh-Ocansey O. 1985. Some factors influencing the freeze drying of carrot discs in vacuum and at atmospheric pressure[J]. Journal of Food Engineering, 4: 229-243

Caparino O A, Tang J, Nindo C I, et al. 2012. Effect of drying methods on the physical properties and microstructures of mango (Philippine 'Carabao' var.) powder [J]. Journal of Food Engineering, 111(1): 135-148

Chhanwal N, Anishaparvin A, Indrani D, et al. 2010. Computational fluid dynamics (CFD) modeling of an electrical heating oven for bread-baking process[J]. Journal of Food Engineering, 100: 452-460

Claussen I C, Andresen T, Eikevik T M, et al. 2007. Atmospheric freeze drying-modelling and simulation of a tunnel dryer[J]. Drying Technology, 25(12): 1959-1965

Cortella G, Manzan M, Comini G. 2001. CFD simulation of refrigerated display cabinets[J]. International Journal of Refrigeration, 24 (3): 250-260

Drouzas A E, Schubert H. 1996. Microwave application in vacuum drying of fruits [J]. Journal of Food Engineering, (28): 203-209

Drouzas A E, Tsami E, Saravacos G D. 1999. Microwave/vacuum drying of model fruit gel [J]. Journal of Food Engineering, (39): 117-122

Heldman D R, Hohner G A. 1974. An analysis of atmospheric freeze drying[J]. Journal of Food Science, 39: 147-155

Hikino H, Konno C, Takahashi M, et al. 1986. Isolation and hypoglycemic activity of dioscorans A, B, C, D, E, and F; glycans of *Dioscorea japonica* rhizophors[J]. Planta Med, 52(3): 168-171

Hou W C, Liu J S, Chen H J, et al. 1999. Dioscorin, the major tuber storage protein of yam (*Dioscorea batatas* Decne) with carbonic anhydrase and trypsin inhibitor activities[J]. J Agric Food Chem, 47(5): 2168-2172

Iwu M M, Okunji C O, Akah P, et al. 1990. Dioscoretine: the hypoglycemic principle of *Dioscorea dumetorum*[J]. Planta Med, 56(1): 119-120

Jung A, Fryer P J. 1999. Optimising the quality of safe food: computational modelling of a continuous sterilisation process[J]. Chemical Engineering Science, 54(6): 717-730

Kaensup W, Chutima S, Wongwises S. 2002. Experimental study on drying of chili in a combined microwave-vacuum rotary drum dryer [J]. Drying Technology, 20(10): 2067-2079

Kaya A, Aydin O, Demirtas C. 2009. Experimental and theoretical analysis of drying carrots [J]. Desalination, 237(1): 285-295

Kieviet F G, Van R J, de Moor P P E A, et al. 1997. Measurement and modelling of the air flow pattern in a pilot-plant spray dryer[J]. Chemical Engineering Research and Design, 75(A3): 321-328

Krulis M, Kuehnert S, Leiker M. 2005. Influence of energy input and initial moisture on physical properties of microwave-vacuum dried strawberries [J]. European Food Research and Technology, 221(6): 803-809

Li S, Ireneusz Z, Hongyao W, et al. 2007. Diffusion model for apple cubes atmospheric freeze-drying with the effect of shrinkage[C]. 5th Asia-Pacific Drying Conference, Hong Kong, 8: 818-823

Lombrana J I, Villaran M C. 1996. Drying rate and shrinkage effect interaction during freeze drying in an adsorbent medium [J]. Journal of Chemical Engineering of Japan, 29: 242-250

Lombrana J I, Villaran M C. 1997. The influence of pressure and temperature on freeze drying in an adsorbent medium and establishment of drying strategies[J]. Food Research International, 30: 213-222

Lombrana Jose I, VIllaran Maria C. 1996. Interaction of kinetic and quality aspects during freeze drying in an adsorbent medium[J]. Ind Eng Chem Res, 35: 1967-1975

Malecki G J, Shinde P, Morgan A I, et al. 1969. Atmospheric fluidized bed freeze drying [J]. Food Technology, 24: 93-95

Michael B, Kjell K, Eikevik T M. 2011. Modification of the Weibull distribution for modeling atmospheric freeze-drying of food[J]. Drying Technology, 29(10): 1161-1169

Mirade P S, Daudin L D. 2000. A numerical study of the airflow patterns in 8 sausage dryer[J]. Drying Technology,18: 81-97

Miyazawa M, Shimamura H, Nakamura S, et al. 1996. Antimutagenic activity of (+)- β - eudesmol and paeonol from *Dioscorea japonica*[J]. J Agric Food Chem, 44(7): 1647-1650

Mousa N. Farid M. 2002. Microwave vacuum drying of banana slices [J]. Drying Technology, 20(10): 2055-2066

Mthioulakis E, Karathanos V T, Betessiotis V G. 1998. Simulation of air movement in a dyer by computational fluid dynamics: application for the drying of fruits[J]. Journal of Food Engineering, 36: 183-200

Pierre-Sylvain M. 2008. Computational fluid dynamics (CFD) modelling applied to the ripening of fermented food products: Basics and advances[J].Trends in Food Science and Technology, 19: 472-481

Prema P, Devi K S, Kurup P A. 1978. Effect of purified starch from common Indian edible tubers on lipid metabolism in rats fed atherogenic diet[J]. Indian J Biochem Biophys, 15(5): 423-425

Quezada P A, Borquez R M. 2005. Combined osmotic and microwave-vacuum dehydration of foods [C]. 4th Mercosur Congress on Process Systems Engineering: 1-9

Ren G Y, Fan L Z, Xu D, et al. 2015. The effect of glass transition temperature on the procedure of microwave freeze drying mushrooms (*Agaricus bisporus*)[J]. Drying Technology, 33(2): 169-175

Ren G Y, Han Q H, Mao Z H, et al. 2012. Mathematical modeling of microwave vacuum drying of Chinese Yam[C]. American Society of Agricultural and Biological Engineers Annual International Meeting, v 6: 5001-5014. Paper Number: 12-1340969

Ren G Y, Mao Z H, Du X Y, et al. 2012.The effect of microwave vacuum drying on the quality of Tiegun yam[C]. American Society of Agricultural and Biological Engineers Annual International Meeting, v 6: 5027-5039. Paper Number: 12-1340971

Ren G Y, Mao Z H, Li D, et al. 2010. Study on non-sulful anti-browning and heated-air drying of Chinese yam[C]. American Society of Agricultural and Biological Engineers Annual International Meeting, v 6: 5190-5200

Sahu A K, Kumar P, Patwardhan A W, et al. 1999. CFD modelling and mixing in stirred tanks[J]. Chemical Engineering Science, 54 (13-14): 2285-2293

Santacatalina J V, Fissore D, Cárcel J A. 2015. Model-based investigation into atmospheric freeze drying assisted by power ultrasound [J]. Journal of Food Engineering, 151: 7-15

Sham P W Y, Sscaman C H, Durance T D. 2001. Texture of vacuum microwave dehydrated apple chips as affected by calcium pretreatment, vacuum level, and apple variety [J]. Journal of Food Science, 66(9): 1341-4347

Stawczyk J, Li S, Rajchert D W, et al. 2005. Kinetics of apple atmospheric freeze drying[C]. 11th Polish Drying symposium, Poznan, Poland, 9: 38-48

Stawczyk J, Li S, Witrowa-Rajchert D, et al. 2007. Kinetics of atmospheric freeze-drying of apple [J]. Transport in Porous Media, 66(1): 159-172

Therdthai N, Zhou W, Adamczak T. 2004. Three-dimensional CFD modeling and simulation of the temperature profiles and airflow patterns during a continuous industrial baking process[J]. Journal of Food Engineering, (65): 599-608

Verboven P, Scheerlinck N, de Baerdemaeker J, et al. 2000. Computational fluid dynamics modelling and validation of the isothermal air flow in a forced convection oven[J]. Journal of Food Engineering, (43): 41-53

Wadsworth J I, Velupilla L, Verma L R. 1990. Microwave-vacuum drying of parboiled rice [J]. Transactions of the ASAE, 33(1):199-210

Wolff E, Gibert H. 1990a. Atmospheric freeze-drying part 1: design, experimental investigation and energy-saving advantages [J]. Drying Technology, 8(2): 385-404

Wolff E, Gibert H. 1990b. Atmospheric freeze-drying part 2: modelling drying kinetics using adsorption isotherms[J]. Drying Technology, 8(2): 405-428

Xu D, Liu W C, Ren G Y, et al. 2016a. Browning behaviors of button mushrooms during microwave freeze drying[J]. Drying Technology, 34(11): 1373-1379

Xu D, Yang X T, Ren G Y, et al. 2016b. Technical aspects in freeze drying of foods[J]. Drying Technology, 33(11): 1271-1285

Yongsawatdigul J, Gunasekaran S. 1996. Pulsed microwave-vacuum drying of cranberries: part Ⅱ. quality evaluation[J]. Journal of Food Processing and Preservation, 20(3): 145-156